目　录
CONTENTS

卡地亚是所有皇帝的珠宝商，它也正是所有珠宝商的皇帝。

——英国　威尔斯王子

Cartier 卡地亚

如果详细拜读一下卡地亚的历史，你就会对现代珠宝百年变迁的历史了然于胸。被誉为“皇帝的珠宝商，珠宝商的皇室”的卡地亚在百余年的发展历程中，始终与皇室、明星、名流的名字紧紧相连。在为这些尊贵的客户带来旁人艳羡目光的同时，卡地亚也一直在接受着所有珠宝爱好者的顶礼膜拜，并一同分享着那些尊贵客户的荣光。如今的卡地亚，已不再是皇帝的专有，而成为全球时尚人士的奢华梦想。在每一个奢侈品牌的聚集地，抬眼望去，都会看到卡地亚装潢考究的店面和其忠实拥护者香肩手腕处的万种风情。

与皇室一同绽放光芒

Cartier

作为珠宝界最为成功的品牌之一，卡地亚的王者历史始于19世纪中叶。1847年，29岁的路易·弗朗索瓦·卡地亚从师傅阿道夫·皮尔卡手中盘下了位于巴黎蒙道尔街29号的珠宝店。而在一年前，立志在珠宝界有一番大作为的卡地亚就以自己名字的首字母“L”和“C”组成的一个菱形标志，注册了卡地亚公司。也许在注册这个品牌和盘下师傅的店面时，连卡地亚自己都没有预想到，自己开创的品牌将在日后成为珠宝界一个难以逾越的巅峰。

珠宝一向是富人的专有，而国泰民安、经济繁荣的时代背景则是珠宝商最为期待的，如果兵荒马乱、连年征战，想必富人也没有心情购买珠宝。当时法国正处于拿破仑三世的统治之下，整个巴黎都沉浸在繁华、奢靡的氛围中。因为卡地亚出色的设计和良好的口碑，拿破仑三世年轻的堂妹玛蒂尔德公主成为卡地亚最为重要的顾客。在玛蒂尔德公主的“亲身示范”和大力宣传下，巴黎皇室及贵族都以佩戴卡地亚珠宝为时尚。卡地亚的生意从此蒸蒸日上，1859年，卡地亚迁址到巴黎最繁华的中心地区意大利大街。

在这一时期，卡地亚为欧洲各国皇室制作的精美珠宝、工艺品牢牢俘获了皇室——

这个购买能力最强的群体的心。这一时期，卡地亚的精品有为法国欧仁妮皇后制作的银质茶具，为比利时伊丽莎白皇后制作的冠冕，为英国皇室加冕制作的27顶皇冠等。此外，西班牙、葡萄牙、罗马尼亚、埃及、法国奥尔良王子家族、摩洛哥王子及阿尔巴尼亚的皇室也都委任卡地亚为皇家首饰商。

路易·弗朗索瓦·卡地亚将手艺传授给长子阿尔弗雷德·卡地亚，并于1874年最终将管理权交给他。1899年，卡地亚将店铺迁至巴黎和平大街13号，从此卡地亚总店再也没有搬迁过。

阿尔弗雷德·卡地亚让自己的三个儿子分别在巴黎、伦敦、纽约开展业务，这一决策获得了巨大的成功，卡地亚品牌的知名度也在国际珠宝界迅速扩大，每个国际大都市都有卡地亚的分店，其中位于纽约第五大道

的美国总店，是卡地亚用一条价值100万美元的双串黑珍珠项链向纽约地产大亨的夫人换来的。

卡地亚第三代三兄弟并不是在祖辈的功劳簿上吃老本，而是更加勤奋、也更有智慧地去开拓卡地亚的业务。为了汲取更多的灵感，找到更多的材质，三兄弟先后去俄罗斯、波斯、印度、埃及等地考察，并购买了大量法国没有的材质。他们还把在中国、印度感受到的异国风情融入到珠宝创作中，为卡地亚增添了很多具有东方神韵的出色作品。到今天，卡地亚的足迹已经遍布各个大

山茶花铂金项链

有什么光泽能比珠宝折射出的光芒更明亮？它划过蓝天比阳光更耀目。白色代表纯净、蓝色代表神秘、红色代表热情，由多色宝石组成的卡地亚山茶花铂金项链，所有大颗的钻石均是最好级别的，梨形钻石和天然珍珠的巧妙搭配宛若天成。山茶花铂金项链价值2500万人民币。

洲、众多国家和繁华都市，从“皇帝的珠宝”变成了人人梦想得到的珠宝。

印证爱情的珍宝

Cartier

1936年，英国国王爱德华八世爱上了离异两次的美国平民女子辛普森夫人，为了跟她结婚，爱德华八世毅然宣布退位。他的弟弟乔治六世继位后，授予爱德华八世温莎公爵的头衔。几个月后，“不爱江山爱美人”的温莎公爵同辛普森夫人结婚，开始了一段传奇爱情故事，而皇室珠宝商卡地亚一直点缀着这个爱情故事。

温莎公爵送给未婚妻的第一份礼物就是卡地亚的一枚镶有红宝石和蓝宝石的图章戒指。结婚那年，他又把两对镶有天然珍珠和钻石的珊瑚耳环以及一个镶有圆形钻石和红宝石的手镯送给了她。卡地亚珠宝成了他们的定情信物，珠宝闪耀的光芒见证了这段旷世之恋。

多棱形蓝宝石和菱形钻石构成了卡地亚阿努什卡（Anouchka）项圈和手链，它们展现了一种梦幻的美感，让人产生无限美好的遐想，仿佛点点星光映入波浪，散发着耀眼的璀璨光芒。项圈价值1645万人民币，手链价值677万人民币。

结婚后，温莎公爵夫人收到了一个装有57件卡地亚首饰的珠宝盒。为温莎公爵夫人设计这些精美首饰的是一位杰出的女艺术家——让娜·图桑。让娜·图桑创造了以动物为主题的珠宝首饰，并说服温莎公爵夫人成为第一位佩戴动物造型珠宝的人。这些珠宝中最为著名的是一个镶满钻石的“猎豹”，守护着一颗152.35克拉蓝宝石的胸针。在这之后，卡地亚猫科动物造型的珠宝逐渐成为成熟、智慧、优雅女性的首选。

1969年公爵夫人从卡地亚定制了一个关节相连的老虎胸针，当时她曾说：“这是我最后一次放任，爱德华也这样认为，他非常高兴能将它送给我。”3年以后，温莎公爵去世了，公爵夫人那些魅力无穷的卡地亚珍宝依旧陪伴着她，并以美丽的光芒唤起了她对往日美好时光的回忆。

帕蒂亚拉项链

1928年，卡地亚为印度土邦主亚达凡德拉·辛格爵士制作了著名的帕蒂亚拉项链，这条让全球珠宝界都叹为观止的巨型项链镶有2930颗钻石，总重量接近1000克拉，堪称“梦幻珠宝大作”。可惜好景不长，随着王室的衰微，这条项链也流落到宫外不知所踪。直到20世纪90年代末，卡地亚在纽约发现了这条经过无数次易手的项链，当时项链已经面目全非，上面很多钻石都被挖掉或换成了假的。卡地亚买下了这条项链并花了两年时间进行全面复原，使其带着背后的传奇故事成为品牌环球展览的“镇牌之宝”。

卡地亚的中国情缘

Cartier

卡地亚与中国的缘分始于1888年。当时路易·弗朗索瓦·卡地亚接到波内曼子爵夫人的订单，这位夫人要求把一个中国古董漆器小柜改造成珠宝匣。这个带有柔美中国风景图案的漆器小柜让路易·弗朗索瓦·卡地亚深深着迷，从此他便对这个遥远的、有着悠久文明的东方古国产生了好奇和兴趣。他开始积极收藏和中国有关的古玩、艺术品，在研究的过程中得到了很多灵感，并把这些灵感运用到珠宝创作中去。在一个多世纪的绵长历史中，卡地亚不断从中国文化、艺术、色彩甚至建筑等方面汲取灵感，成就了无数姿态各异、种类丰富的珠宝艺术珍品。

2003年，卡地亚在全球隆重推出的“龙之吻”系列珠宝，可称做是对这段百年情缘的精彩献礼。这一轰动全世界的传世佳作，以中国的风铃、如意结、扣锁等事物为灵感，创作出别具风情的耳环、项链、戒指、手链、胸针等珠宝首饰。简洁流畅的现代风格，全新演绎了中国典雅含蓄的传统美学，显示出卡地亚对中国文化恒久不变的痴迷与热爱。2008年，卡地亚精心为自己的“百年知己”带来了“卡地亚祝福中国”全球限量精品系列。这些东西方创意与文化的完美结晶，使卡地亚显得意义深远、弥足珍贵。

银幕上的卡地亚

Cartier

卡地亚不仅是皇室的最爱，还是大银幕的宠儿。早在1926年，卡地亚就在古装电影《酋长的儿子》中登上银幕，男主角手腕上佩戴的就是他本人珍爱的卡地亚腕表。随着好莱坞影视业的发展，许多制片人开始致力于提高影片的气质和品位，而卡地亚也就有

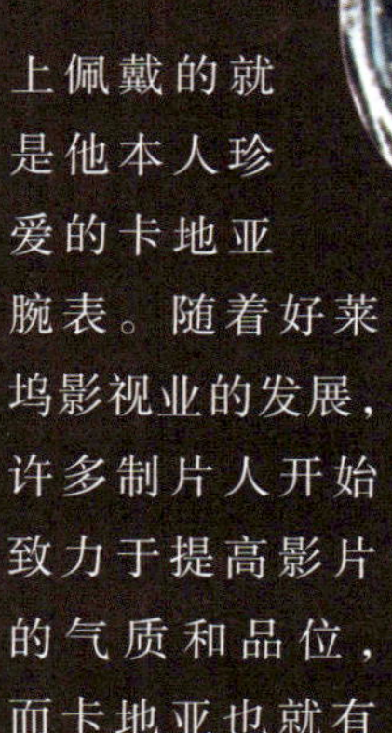

蛇形项链

原始韵味与诱惑魅力完美地集于一身的蛇形项链，是卡地亚为其150周年诞辰而专门设计的生日礼物。其中嵌有两颗各重200多克拉的巨型水滴形祖母绿，总价值6700万人民币。

了更多登上大银幕的机会。在《女人》、《待到重逢时》等多部经典影片中，卡地亚把女主角们装扮得更加迷人可爱。在《救生艇》中，被困在大海中的女主角“极不情愿”地将她的卡地亚钻石手链作为鱼饵扔进了大海。在著名喜剧《热情似火》中，男主角将一条卡地亚手链送给女主角作为定情之物，而最令人难忘的是在《男人都爱金发女郎》中，玛丽莲·梦露充满激情地演唱“卡地亚……”，向银幕前的观众表达了她对卡地亚的钟爱。

高级珠宝工作坊的秘密

Cartier

1973年，卡地亚主席罗博特·奥克问属下对卡地亚有什么感觉，后者不假思索地回答：“卡地亚就是不可或缺的。”奥克马上掌握了这句话中的重要信息，他发现豪华精品业已经随着时代而改变，现在的顾客需要的是独具个性的精品。这个思想正是卡地亚高级珠宝工作坊的理念。

位于巴黎市中心的卡地亚高级珠宝工作坊是专门针对一些高级客户的个性化订单，加工限量发售的顶级珠宝款式。工作坊每月最多加工40件珠宝，一枚最简单的戒指也需耗费50个工时，而一串复杂的项链，可能需2000个工时才能完成。一般而言，每件高级珠宝只生产一件，是工作坊珠宝匠几个月、甚至几年的心血结晶。

卡地亚高级珠宝工作坊中聚集着法国乃至全世界最优秀的珠宝匠。珠宝匠的工作台都是结实的橡木桌，式样非常朴素。每一张工作台的下面都挂着一张牛皮“围兜”。不要小看这张不起眼的牛皮，用“聚宝盆”来形容它也不为过。珠宝加工过程中所产生的边角料、碎屑都盛在这张牛皮围兜里，这些“宝贵的垃圾”由公司统一回收，再作他用。

在这里，珠宝制作的第一步是造型设计。设计师根据宝石的形状、色泽以及顾客的要求，确立创作主题，然后绘制出成品效果图。在正式制作之前，设计师会先用绿色蜡雕制作每个部分的模型，反复研究放置宝石的位置，以求尽可能完美地体现宝石的独有魅力。之后的工序是做型，借助粘土模具，珠宝匠用金、银、铂金等原料完成基本“形体”的制作。还要在金属底座上雕凿出镶嵌宝石的孔洞。这些孔洞不仅要具有同样的深度，还要由经验丰富的珠宝匠用棉线磨得光滑剔透。细节的刻画是难中之难，比如一件金钱豹式样的项链，要把胡须和睫毛都传神地表现出来，需要珠宝匠极度耐心的精雕细琢。镶嵌宝石是最费时费力的工序，这个过程不仅要求珠宝匠拥有高超的技术，还要具备超强的心理素质。面对价值连城的宝石，稍有闪失就会使之毁于一旦。镶嵌完成后需确保每个部件都完美无瑕，最后通过铰接，将整件珠宝完整地呈现。

在传承至今的珠宝传统中，卡地亚始终保持着卓越的技术及超凡的工艺。这种执著使之在珠宝界始终立于不败之地。

蒂芙尼意味着恒久不衰，它不是昙花一现的流行之物，而是一种可延续的时尚。蒂芙尼有很多产品都具有跨时代的性质——它们代代相传，为人们珍视。

——蒂芙尼首席执行官　迈克尔·考瓦斯基

Tiffany & Co.
蒂芙尼

没有肤浅的奢侈，更没有浮躁的夸耀，蒂芙尼的每一款珠宝都有属于自己的精神空间，无论是精致耀眼，还是沉稳内敛，都能使人感受到它深刻的品牌文化，真正震撼人们的心灵。在过去的170多年间，蒂芙尼曾为多国国家元首度身定做各式珠宝，皇室成员、总统和名门望族都是他们的主顾，其中包括英国维多利亚女王、俄国沙皇、埃及总统、波斯国王以及意大利、丹麦、比利时和希腊的皇帝。因为蒂芙尼崇尚经典，从来不跟风、不媚俗，完全凌驾于潮流之上，所以它的每一件作品都有着永恒的魅力。

从丑小鸭到白天鹅

鼎鼎大名的蒂芙尼是从纽约百老汇开始起步的。如果想当然地认为蒂芙尼一开始就是给风情万钟的百老汇大牌和夜夜笙歌的纽约富人做首饰的，就大错特错了。蒂芙尼的创始人查尔斯·路易斯·蒂芙尼在历史舞台上刚刚出场时还只是个不起眼的小角色，没有商贾世家的出身，父亲是个磨坊主，卖的东西也一点不够时尚。1837年，刚开店时，他还是卖文具和织品的。

如果按照生活的惯有经验推断，查尔斯·路易斯·蒂芙尼事业上的成就无非是过些年换个大店面，多雇几个伙计干活，以让自己有更多的时间去酒吧喝酒或带着宠物狗散步。大多数的小业主都怀着这样的梦想，但查尔斯不是，他与其他生意人最大的不同是拥有灵活的头脑。查尔斯在后来做的一系列事情，证明他是个与众不同的商业奇才。

查尔斯·路易斯·蒂芙尼的商店开业后不久，就转型卖珠宝首饰了。这之后，蒂芙尼珠宝店一年一变样，最后成了美国首屈一指的高档珠宝商店。没用多久，英国维多利亚女王，意大利国王以及丹麦、比利时、希腊和美国众多名声显赫的百万富翁都成了蒂芙尼的忠实顾客。

查尔斯·路易斯·蒂芙尼确实是一位天才的生意人。当年美国穿越大西洋的电报电缆中有一根因破损需要更换，他得知这个消息后，毅然买下了这根电缆。在人们以惊异的目光看着他到底想把这根电缆派什么用场之际，他已经在自己的蒂芙尼商店里，把电缆截成2英寸长的一小段一小段，作为历史纪念品出售，就这样赚了一大笔钱。另一次，他重金买下欧仁妮皇后的鲜黄色钻石，但并不急于出手，而是在纽约举办了一个展示会，从参观者身上赚进了几十亿美元。他的儿子路易斯·康福特·蒂芙尼也很有商业头脑，而且具备创新精神。他先后请来吉恩·施伦伯格、珀雷蒂等欧洲设计师、艺术家为

在蒂芙尼，不仅钻石和银器很有名，其珍珠饰品也备受赞誉。蒂芙尼将珍珠的典雅展现得淋漓尽致，每一颗珍珠在蒂芙尼的设计中都散发着迷人的魅力。蒂芙尼的莹亮珍珠隽永瑰宝系列，将珍珠融入典雅的钻石首饰中，散发出迷人的魅力。奢华珍贵的南洋珠首饰，配有镶满钻石的首饰扣，珍珠与钻石配搭得宜，为项链添上几分特色。而精致小巧的手链，镶嵌蓝色和白色的钻石球，为完美无瑕的珍珠增添了华丽的质感。

蒂芙尼设计珠宝。1981 年，毕加索的女儿帕洛玛·毕加索加盟蒂芙尼，为蒂芙尼创作了很多简洁但极有品位的作品。

1961 年，蒂芙尼借助电影又在全世界火了一把。在电影《在蒂芙尼商店吃早餐》中，著名影星奥黛丽·赫本扮演性格怪僻的霍莉·戈莱特利，她酷爱在第五大街的蒂芙尼商店吃早餐，影片还有一句经典台词："在那儿吃早餐不会不愉快。"影片上映后，很多热爱时尚的人士都打电话到蒂芙尼预订早餐。

如今蒂芙尼不仅是世界首屈一指的珠宝商，它在纯银器皿、瓷器、水晶和手表等方面的工艺和设计也享誉国际。世界各国博物馆和收藏家，均把蒂芙尼的大师级作品视为珍藏。在漫长的岁月里，蒂芙尼已经成为地位与财富的象征，并成为奢侈品界的领跑品牌。甚至人们在形容某公司饶有成就时，会说"它是那个领域的蒂芙尼"。与那些传世的经典作品一样，蒂芙尼开创的种种在当时具有创造性的营销方式，同样值得人们欣赏和学习。

最好的礼物

TIFFANY & CO.

如果想送礼物给美国的高官、富商甚至总统，却不知道买什么为好，那么蒂芙尼绝对是一个不错的选择。

蒂芙尼在美国不仅仅是一个顶级珠宝品牌，它还代表着某种美国精神：自由、精炼、进取、风格明晰。1861 年，蒂芙尼为林肯总统的就职典礼设计了一只纪念水壶，还为林肯夫人特别制作了一套珍珠首饰。美国内战期间，蒂芙尼为格兰特将军和谢尔曼将军制作过镶嵌宝石的授勋剑。1885 年，蒂芙尼受命重新设计美国国徽。在美国运动界，蒂芙尼同样大受欢迎。1930 年，蒂芙尼为英国连续五次铩羽美洲杯的赛艇运动员托马斯·利普顿爵士制作了一座 18K 金的奖杯。20 世纪 60 年代，蒂芙尼为美国国家橄榄球联盟制作了第一个超级橄榄球赛奖杯。2004 年，蒂芙尼为美国国家赛车联合会设计了精美的奖杯。

传奇的设计师

TIFFANY & CO.

查尔斯·路易斯·蒂芙尼说过：“我们靠艺术赚钱，但艺术价值永存。”蒂芙尼的设计师个个不同凡响，他们冷静超然，带来新意不断。约翰·史隆伯杰是上世纪中期最为出色的珠宝设计师，他擅长使用贵重而巨大的有色宝石，结合线条变化丰富的 18K 金来设计珠宝。最开始约翰·史隆伯杰只设计古董扣饰及家饰，但蒂芙尼一直有请设计师“跨界设计”的习惯，比如设计出很多经典作品的埃尔莎·珀雷蒂原来是个著名模特。

从英国到美国后，约翰·史隆伯杰开始设计贵重珠宝。杰奎琳·肯尼迪、李察·波

“唤醒你的美丽梦想”是蒂芙尼在 1925 年推出“美丽的诱惑”珠宝系列时所用的广告语。而对于很多热爱时尚、热爱蒂芙尼的女性来说，每一个翠蓝色的蒂芙尼包装盒里都有一个美丽的梦想和爱的承诺。

顿、奥黛丽·赫本、黛安娜·芙依兰德夫人等名人，都是史隆伯杰的好友兼作品收藏者。随着约翰·史隆伯杰加盟蒂芙尼，这些名人也成了蒂芙尼的忠实顾客。

伊丽莎白·泰勒也是史隆伯杰迷，1962年，好莱坞巨星李察·波顿请史隆伯杰设计了一款海豚胸针，在伊丽莎白·泰勒主演的电影《巫山风雨夜》首映当晚，李察·波顿将海豚胸针送给泰勒作为贺礼，令伊丽莎白·泰勒十分感动。

Setting 钻戒

1886 年，蒂芙尼推出了最为经典的 Setting 系列钻戒。它的六爪铂金设计将钻石安稳地镶在戒环上，最大限度地突出了钻石，使其光芒得以全方位折射。“六爪镶嵌法”面世后，立刻成为订婚钻戒镶嵌的国际标准。创始人查尔斯·路易斯·蒂芙尼也因此被美国媒体称为“钻石之王”。蒂芙尼此款钻戒 1 克拉最高售价 375800 元人民币。

令人心动的翠蓝色礼盒

TIFFANY & CO.

现在，很多品牌为了让自己的产品能在成千上万的同类产品中脱颖而出，而在形象设计、产品包装上大下工夫。然而在 19 世纪，很少有商家能够意识到这点。在 1837 年，查尔斯·路易斯·蒂芙尼将商店更名为“蒂芙尼”后，就开始使用独特的翠蓝色包装盒。直到今天，蒂芙尼的购物袋、商品手册、广告招贴等一切宣传品上仍然使用这种翠蓝色，翠蓝色已经成为了蒂芙尼的品牌专用色。

早在 1906 年，纽约《太阳报》就报道过：蒂芙尼的货品中有一样东西是只送不卖的，那就是它的盒子。该公司严格规定，除非里面装着他们所卖出去的货品，否则印有蒂芙尼名字的盒子绝对不能带离该公司，以表示蒂芙尼对其货品负责的态度。“蒂芙尼蓝盒”的传统一个世纪以来不曾改变，只为一条根本理由：它蕴涵的是举世无双的质量和设计。那翠蓝色礼盒装着举世无双的珠宝，也装着女人最想拥有的爱情承诺。很多人评价说，蒂芙尼那翠蓝色的礼盒已经成为爱的象征，令拥有者感到万分荣耀。

要与众不同，那就定制你的梦。除了定制，没有别的方法可以把你从别人的流水线上解救出来。现在，你要主动地生产你自己。

——梵克雅宝亚洲区总经理　本杰明·乌绰特

Van Cleef & Arpels
梵克雅宝

如果用一种珠宝来代表浪漫多情、富有艺术气质的法兰西，那么这种珠宝一定是梵克雅宝。它的创意和法国小说一样天马行空、想象力丰富，它的品牌文化像法国历史一样富有韵味，它的格调与法国绅士一样高贵优雅，它的美丽像极了巴黎香榭丽舍大街上那一双双迷倒众生的眼睛……梵克雅宝为其每款作品所赋予了的震撼心灵的美丽和诗情画意的灵魂，有的作品更是带有一份难以言传的魅惑和瑰丽。所以选择梵克雅宝珠宝，就是选择了浪漫，选择了高雅。

两个珠宝家族的联姻

Van Cleef & Arpels

之所以叫做“梵克雅宝”，是因为这个品牌见证了两个珠宝家族的结合和一段美丽的爱情故事。把历史的影片倒带到 1896 年，在那一年，风华正茂的荷兰宝石雕刻家族的阿尔弗莱德·梵克迎娶了本国宝石商人的女儿艾斯特尔·雅宝。在后来很多介绍梵克雅宝的书中，读者们都可以看到他们结婚的那张照片。高大的阿尔弗莱德·梵克一身标准的绅士打扮，白衬衫搭配翻领大衣，熨烫笔直的西裤，嘴角留着当年时兴的一字胡，虽说不上有多么帅气，但他的眼神中透露着出身商贾世家的睿智和机敏。艾斯特尔·雅宝穿着白色宽袖束腰的曳地长裙，发髻高高扎起，看起来娇小文静。这两个年轻人有着几乎一样的成长史：从小就与五光十色的珠宝为伴，熟知各种珠宝首饰的加工方法。所以他们有很多的共同语言，感情自然也是水到渠成。

阿尔弗莱德·梵克一直跟随父亲学习制

蛇形项链

蛇形项链体现了梵克雅宝的超一流工艺，它具有伸缩弹性，形态犹如一条金蛇。这个项链运用了梵克雅宝独家研制的技术——一种仅能与黄金一起加工制作的特殊上釉过程，这一工艺令蛇形项链可以做不同方式的扭动，变成双行手链、皮带、带饰等，让奢华珠宝能轻松地转变为其他日常配饰。在调整长度后，蛇形项链能与各种各样的花形别针搭配在一起佩戴。

芭蕾胸针

梵克雅宝将技术成就与创意相结合，创作了无数匠心独具的精品。著名的芭蕾胸针看起来仿佛是芭蕾舞者穿上镶满钻石的舞裙，摇曳起舞。这件经典作品是由白金镶嵌玫瑰切割、梨形切割及圆形钻石制作而成的。

作贵重珠宝的技术，而艾斯特尔·雅宝与兄弟们对于各种宝石更是了如指掌。成婚后不久，阿尔弗莱德·梵克与妻子的兄弟查尔斯·雅宝在家人的全力支持下，合作成立了一家旨在“珠宝设计与销售”的公司。随着朱利安·雅宝的加入，1906年，他们用自己的姓氏组合“梵克雅宝”为名，在巴黎凡登广场开设了第一家精品店。

20世纪初，法国是世界上最为富裕发达的国家之一，而巴黎也是整个欧洲乃至全世界最现代、最时尚的城市。当时的巴黎，会展业、旅游业、商业高度发达，每天因公务或旅游而来的外国人不计其数。巴黎本地乃至整个法国的时尚女性也都有着极强的消费能力。在这种环境下，处于繁华商业区凡登广场的梵克雅宝自然也是日进斗金。梵克雅宝还凭借出色的工艺和出众的材质，赢得了不少回头客。

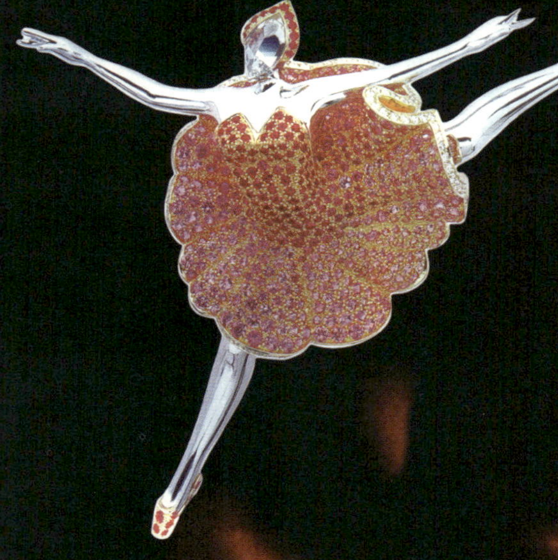

“要想与众不同，就定制你的梦！”从梵克雅宝诞生开始，珠宝定制业务就是它最大的卖点。在巴黎凡登广场22号梵克雅宝的店面后台，30名工匠有条不紊地裁剪斟酌，只不过他们面对的不是衣料，而是价值连城的珠宝。通常客人会对梵克雅宝说：“我要参加一个活动，希望佩戴你们的珠宝。”除了这句话，没有更具体的要求。因为梵克雅宝值得信任，它的工匠们非常清楚

拉链项链

拉链项链的创作灵感来自于日常生活。最开始，拉链只应用于飞行员夹克与水手制服上。上世纪 30 年代起，定制服装风潮开始盛行，拉链逐渐取代纽扣成为常用的配件，并为人所喜爱。温莎公爵夫人在 1939 年建议梵克雅宝的创意总监，应该以这个灵巧的小配件为灵感设计一款珠宝。梵克雅宝的创作成果是一条以宝石镶嵌的拉链，拉链打开可作为项链，关起来则可作为手镯，这个精密的设计大大超出了一般拉链的功能细节，成为流传至今的传世之作。

客人关于珠宝的理想。工匠设计出效果图，待顾客满意后，便开始选材、制作。有时，梵克雅宝也会收到一些特殊要求。以一首《爱的幻影》成名的美国歌手“花蝴蝶”玛利亚·凯莉曾经希望订制一款和她美誉相配的蝴蝶造型饰物，因为她手持麦克风演唱的时候，手指很引人注目，梵克雅宝便设计出了一款可在多个手指佩戴的戒指，如今这已成为热销的经典款式。

在品牌创立后一个多世纪的时间里，梵克雅宝始终以精致、流畅、浑然天成的创作风格著称。梵克雅宝的作品从不墨守成规，而是永远充满了生命力与激情，每一时每一刻都以不断变化的姿态展露在世人面前，把珠宝世界的无限美妙放大再放大。

皇室爱情的见证者

Van Cleef & Arpels

阿尔弗莱德·梵克和艾斯特尔·雅宝的结合造就了梵克雅宝品牌。而摩纳哥王子雷尼尔三世与格蕾丝·凯莉的爱情故事，则让梵克雅宝成为无数情侣心目中爱的箴言。

在 1955 年 5 月的戛纳电影节上，英俊潇洒的摩纳哥王子雷尼尔三世与好莱坞金发美人格蕾丝·凯莉一见钟情。几个月后，多情的王子就飞赴美国向格蕾丝求婚，赢得了美人的芳心。而梵克雅宝的珍珠钻石项链作为订婚之礼，见证了这段忠贞恋情的开始。1956 年 4 月 18 日，在摩纳哥金红色的皇宫中，在世人的热烈祝福下，雷尼尔三世轰轰烈烈地迎娶了格蕾丝·凯莉。第二年，梵克雅宝便被摩纳哥王室任命为御用饰品店。在随后的岁月里，从好莱坞影星变成摩纳哥王妃的幸福女人格蕾丝继续着她对梵克雅宝的热爱。她先后佩戴过十几顶梵克雅宝为她特制的王冠，而这些王冠也陪她度过了人生中很多重大时刻，其中包括 1978 年爱女卡洛琳公主的婚礼。

天有不测风云，拥有了一切幸福的格蕾丝王妃却在后来不幸丧生于一起车祸。雷尼尔王子悲痛欲绝，为了纪念亡妻，他终生没有再婚。他每天都感到格蕾丝还“无所不在”地活在他的宫殿中。这样的忠贞爱情令世人动容，也把和梵克雅宝有关的爱情故事演绎到了极致。

把珠宝变成芭蕾

Van Cleef & Arpels

“时间或许是易逝的，但我们所处的这个世界却是坚定不移地重演着往事和历史。这是关于忠诚的问题，是对祖先遗产及其价值的敬仰和尊重。”这正是梵克雅宝的信仰。一直以来，

"和谐、简洁、高雅与平衡"等几大经典的法国精神在梵克雅宝的创作和实践中得到充分的传承。同时，梵克雅宝更以多样化的珠宝材质和顶级的工艺技术，融合匠心独具的设计来诠释何谓完美。

在梵克雅宝的理念中，珠宝的意义超越了珠宝本身，它不仅仅是奢侈品，更是伟大的艺术，与其他艺术形式有着千丝万缕的联系。珠宝和芭蕾舞看似没有联系，然而在梵克雅宝的理念中，它们同样都是伟大的艺术。1976年，克罗迪·雅宝和乔治·伯兰洗恩共同创作了"芭蕾舞珠宝"，整场表演分为"祖母绿"、"红宝石"、"钻石"三幕。这台精心编排、拥有珠宝般绚烂魅力的芭蕾舞在纽约演出期间，得到了当地艺术爱好者和梵克雅宝忠实拥趸的大力支持。

芭蕾舞的第一幕演绎祖母绿的风姿，在福莱音乐的衬托下表现法国的美丽年代；第二幕主题是红宝石，展示纽约和美洲新世界的骚动与热情，由俄罗斯著名作曲家斯特拉文斯基撼动人心的音乐作陪衬；第三幕主题是钻石，在柴可夫斯基的音乐中诉说对古老欧洲与沙皇时期的回忆。

SWANN 全钻项链

梵克雅宝著名的 SWANN 全钻项链由白金精制而成，镶嵌 381 颗璀璨圆钻，钻石总重量接近 90 克拉。该项链价值 617.5 万元人民币。

HARRY WINSTON
存在与成长相当重要，但保持自己独特的品牌精神更为重要。我想让客户知道，每一件珠宝作品的背后，都有我，一个熟悉从原矿到设计制作每个环节的人，为他们把关。
——海瑞温斯顿第二代掌门人　罗纳德·温斯顿
Harry Winston
海瑞温斯顿
HARRY WINSTON

在星光璀璨的珠宝界，海瑞温斯顿有着至高无上的荣誉——钻石之王。迄今为止，这个品牌已经铸就了百余年的辉煌历史，并在珠宝界书写了众多传颂至今的浪漫佳话。玛丽莲·梦露在歌舞片《绅士喜爱金发女郎》中曾经唱道："告诉我，海瑞温斯顿，告诉我有关你的一切……"在海瑞温斯顿用钻石铺就的"星光大道"上，无数高贵美丽的生命享受着君临天下般的荣耀。从皇室、贵族、政要、明星到普通人，每个人都对海瑞温斯顿的珠宝心生向往。这些热爱海瑞温斯顿的人们，不仅爱它精美绝伦、富有想象力的珠宝作品，更爱它悠久的品牌历史和独特的品牌文化。

天生的珠宝家

HARRY WINSTON

"如果可以的话，我希望能直接将钻石镶嵌在女人的肌肤上。"这句话就是把钻石当做至爱的钻石之王海瑞·温斯顿的名言，它准确地表达出海瑞·温斯顿那种常人难以理解的钻石情怀。

东方之星

海瑞温斯顿在 1949 年买下这颗钻石，1951 年将其寄给了埃及国王法鲁克，但是一直没有得到支付，因此，在几年以后钻石又回到了海瑞温斯顿手中。1982 年，在海瑞温斯顿 50 周年庆典期间，这颗钻石在美国纽约的大都会艺术馆展出。1992 年，海瑞温斯顿最后一次将其购回并一直拥有至今。

1890 年，雅各布·温斯顿和其他的欧洲移民一样，怀着对于未来的美好梦想踏上了美洲这片全新的大陆。雅各布·温斯顿是一位手艺精湛的珠宝匠，他来到纽约后，很快就在曼哈顿地区开设了一间小型珠宝与腕表工坊。因为他的技术在周围的同类小店里数一数二，很快他的生意红火了起来。他的儿子海瑞·温斯顿在耳濡目染之下，很快掌握了制作和销售珠宝的技巧。12 岁那年，海瑞·温斯顿以 25 美分，在一家当铺廉价出售的假珠宝中买到一颗 2 克拉重的祖母绿宝石。这个传奇的小故事成为海瑞·温斯顿珠宝生涯的开端。

第一次世界大战后，许多贵族纷纷将手中的珠宝或收藏或低价出卖。海瑞·温斯顿把握住这个机会大量收购，并将这些珍贵珠宝重新切割、镶嵌，设计成更符合当代审美的首饰。海瑞·温斯顿还向史密森国家自然历史博物馆捐赠了一些大件的珠宝，并从博物馆得到了很多能重新镶制并贩售的小件珠宝。用这种“交易”的方式，海瑞·温斯顿又大赚了一笔。1932年，海瑞·温斯顿已是一名成功的珠宝商，他结束了以前的小公司，重新以自己的名字为名成立了新公司。海瑞·温斯顿社交能力极强，他在交际圈中朋友众多。各国皇室，美国的铁路、石油、报业大亨，工商界巨子，政界领袖，以及玛丽莲·梦露、伊丽莎白·泰勒等电影红星都是海瑞·温斯顿的好朋友。有一回，海瑞在日内瓦巧遇一位正在度假的阿拉伯国王，这位国王一口气从海瑞那里买走了数百万美金的珠宝，但是他仍意犹未尽，想再买6只钻石手镯。当他见到海瑞的钻石手镯后，一下子被吸引住，竟然买下了80只。

美钻之王

HARRY WINSTON

除了在营销方面的巨大成功，海瑞温斯顿珠宝的名声主要还是来自于其出类拔萃的优异品质。有时设计师宁愿牺牲钻石重量而为每颗原石找寻最适合的切割形状，尊重每一块原石的本型，最终让钻石闪耀出最完美的光芒。同时，独特的镶嵌手法也是其享誉

海瑞温斯顿的钻石，不仅切割工艺先进，而且色泽艳丽。鲜艳的彩钻比白钻更为珍贵，据有关专家统计，每出产十万颗宝石级钻石，其中才可能有一颗彩色钻石。“南瓜色”被公认为最美的橙色彩钻颜色，在海瑞温斯顿的钻石世界里，就有这样一颗“海瑞温斯顿南瓜钻”。此钻是海瑞温斯顿第二代继承人罗纳德于 1997 年 10 月在纽约苏富比拍卖会上以 130 多万美元竞拍所得。这颗钻石得到美国珠宝学院的颜色评价是“鲜彩橙”，属于很正的橙色，该钻石重达 5.54 克拉。

国际的重要原因。最为著名的“Cluster”立体镶嵌法不仅保持了宝石原有的色泽，更将钻石最自然、纯粹的那一面呈现出来。

在近百年的经营中，海瑞温斯顿公司拥有并买卖过 60 枚以上历史上最重要的宝石，这个数量甚至超越了诸多巨贾和皇室。在 1949 年 11 月，海瑞温斯顿推出了前所未有的“珠宝宫”，展出众多可以称得上是“世界之最”的钻石。其中包括 46 克拉的“希望之星”钻石，95 克拉的“东方之星”钻石，126 克拉的“洋客”钻石，337 克拉的“凯瑟琳蓝宝石”……

有趣的是，海瑞·温斯顿在生前一直保持着神秘，几乎没有任何关于他的清晰的照片被报刊发布。这是由于他的身价已经多到无法估计，保险公司要求他绝不能被镜头拍到清楚的长相。他的儿子罗纳德·温斯顿在继承公司之后也同样遵守着这项规定，从来不正对着镜头拍照。1978 年，海瑞·温斯顿去世，罗纳德·温斯顿成为公司的新掌门人。在此之前，罗纳德·温斯顿一直致力于研发治疗癌症的特效药，但始终未能取得成功。罗纳德·温斯顿说：“我的父亲在工作上其实是个很难共事的人。他为人温和、谦虚，但在面对珠宝时，却是绝对地以自我为中心，我在珠宝方面会完全尊重我父亲的鉴赏能力，虽然偶尔我们在经营哲学上会有不同的意见。”

美国一家调查公司关于“珠宝品牌地位指数”的研究报告指出，作为“最顶尖的钻

石品牌”，海瑞温斯顿由于其巨大的声誉和地位，被奢侈品消费者命名为“顶级奢华品牌”。在该研究中接受调查的500多名消费者的平均资本净值为1510万美元，他们根据产品品质、独特性和排他性、社会地位和优越的客户服务这四项标准，从预订的20个珠宝品牌中选择出最奢华的10个。海瑞温斯顿在该调查中力压蒂芙尼、伯爵、卡地亚等知名珠宝品牌，排名首位。

被诅咒的希望钻石

HARRY WINSTON

海瑞温斯顿的稀世珍藏中最神秘、知名的一颗钻石，就是电影《泰坦尼克号》中，男女主角的爱情信物“海洋之心”，它的真实名字叫做“希望之星”。来自印度的“希

著名影星斯嘉丽·约翰逊向海瑞温斯顿订做了一件精美的头饰，用来参加重要的聚会和宴会。设计师说："在做好之后，这位女星迫不及待地戴上了头饰，并露出十分满意的笑容。"这件头饰价值高达325万美元。

望之星"本身也极具传奇色彩，很久以来，它被称为"厄运之钻"，它迷雾般的历史一直被世人津津乐道。早在350多年前，"希望之星"就被挖掘出来，并被法国王室拥有上百年之久，直到法国大革命期间，它离奇失踪，之后又突然出现在伦敦的拍卖会场。"希望之星"此后几经易主，拥有过它的人都离奇地被厄运缠绕。直到1949年被海瑞·温斯顿买下，"希望之星"才结束了它谜一般的神秘旅程。1958年，海瑞·温斯顿慷慨地将"希望之星"捐赠给美国华盛顿特区的史密森机构。现在，"希望之星"在博物馆的海瑞温斯顿艺廊中熠熠发光，每天都承载着众多参观者凝视的目光。

明星的珠宝商

HARRY WINSTON

与光彩夺目的女明星一样，绚烂迷人的海瑞温斯顿珠宝也是一年一度的奥斯卡颁奖典礼的主角。早在1943年，海瑞温斯顿就是首家赞助奥斯卡颁奖典礼的珠宝商，它为当年的最佳女演员詹尼佛·琼斯提供了配饰。从此，海瑞温斯顿与红地毯结下了不解之缘，并被人们称为"明星的珠宝商"。海瑞·贝瑞、温妮丝·帕特洛等好莱坞女明星都以佩戴海瑞温斯顿的珠宝出席各种盛大庆典为荣。在好莱坞电影中，海瑞温斯顿同样光彩夺目。爱情喜剧《绝配冤家》中的一场派对盛宴上，女主角凯特·哈德森惊艳全场，当时她佩戴的正是海瑞温斯顿重达81.62克拉的黄色彩钻项链。彩钻的光芒与她灿烂的笑容相互辉映，定格为影迷心中永恒的记忆。和其他珠宝商的谨慎态度不同，慷慨大方的海瑞温斯顿也十分愿意把珠宝借给好莱坞影片拍摄使用。

海瑞温斯顿的尊贵客人还包括英国的伊丽莎白女王二世、已故王妃戴安娜、沙特阿拉伯王储、伊朗国王和印度王储等。

伦敦是一个既传统又现代的城市，古老的传说和尊贵的皇室维持着这个城市的传统，大胆的时装和劲爆的流行乐证明了这个城市的现代。在这样一个城市里，似乎只有著名珠宝品牌杰拉德才能让保守的皇室和时尚人士的口味变得一致。1843 年维多利亚女王亲赐杰拉德“王冠珠宝商”美名。在几个世纪里，杰拉德始终为英国皇室提供服务，如今随着一些才华横溢、思想新潮的设计师的加盟，杰拉德又令热爱时尚的女性们如痴如醉。不过始终不曾改变的是杰拉德一贯拥有的高贵、奢华与权威的表情。

杰拉德是真正的皇家珠宝商，英国女皇是其最大的客户，英国皇室所用的珠宝都是杰拉德的作品。时至今日，这个古老的英国品牌依然秉承精湛的工艺传统，矢志突破现代设计的界限，为高级珠宝业开拓出更高境界。

——杰拉德品牌评介

Garrard 杰拉德

英国王室的最爱

GARRARD

杰拉德的神话从 1722 年开始。它的创始人乔治·威克斯在那一年加入了英国金匠协会，用他出色的手艺为金匠协会创作了很多堪称传世佳作的上好首饰。1735 年，乔治·威克斯组建了属于自己的公司，不久之后包括威尔斯王子在内的很多皇室成员都陆续成为他的忠实顾客。1802 年罗伯特·杰拉德接管了公司，并将其正式定名为“杰拉德”。1822 年，品牌推出“罗伯特·杰拉德”系列珠宝，并首次选用王冠图案加上字母 G 作为自身标识。

三个世纪以来，杰拉德一直是英国王室的御用珠宝商，它不断为英国王室创作出高质量高品位的珠宝作品。1843 年，已经为英国皇室奉献了众多精品、包括为六位君主打造过王冠的杰拉德，在这一年得到了至高无上的荣誉。维多利亚女王亲赐杰拉德“王冠珠宝商”的美名，同时颁赠了一张皇家委任状。

在随后的岁月里，杰拉德继续为英国王室提供无与

伦比的珠宝精品，除此之外，杰拉德还被授权维护英国王室的珠宝藏品。从某种程度上说，英国顶级王室珠宝馆“伦敦塔”可以被称作杰拉德博物馆。因为在“伦敦塔”里陈列着的宝物，绝大部分都出自杰拉德或是经过杰拉德公司维修。杰拉德的成员也一向以此为荣，因为这项工作象征着王室对其无比的信任。

除了为英国王室服务，杰拉德还拥有很多珠宝界人士羡慕的经历：负责镶嵌最古老最著名的钻石“科·依·诺尔”；雕琢世界上最大的宝石金刚石“库利南”；为美国杯、迪拜世界杯、板球世界杯、英国足球超级联赛等众多盛大赛事设计奖杯。

现在，杰拉德还是好莱坞女星们的最爱。莎拉·杰西卡·帕克在拍摄《欲望都市》宣传海报时，指名要戴上杰拉德的小后冠。凯瑟琳·泽塔·琼斯、斯嘉丽·约翰逊等，也争相在公开场合佩戴杰拉德珠宝……

女王的传家宝

GARRARD

2007年，英国王妃卡米拉在60岁生日典礼上，一条杰拉德钻石项链让她光彩照人，成为全场的焦点。这条著名的项链可是大有来头，它的主人是卡米拉的婆婆——英国女王。为了让卡米拉在公众面前更加“闪亮”，英国女王竟不惜把母亲赠予的钻石项链借给了卡米拉。英国媒体发表文章指出，英国的民众很高兴见到女王对儿媳妇态度的转变。她借给卡米拉的这条项链足以证明两位女士之间和睦的关系。

这款由杰拉德制作的项链，最初是在1893年玛丽王后嫁给乔治王子时，其父母赠予玛丽王后的。之后现任女王伊丽莎白二世从玛丽王后——她的祖母手中得到它。由于这条项链意义重大，就连珠宝专家都无法估算其实际价值。现在，这条项链已成为英国皇室收藏品。想必这样的名气是杰拉德设计师在设计之初无法预想到的。

珠宝先锋派

GARRARD

在杰拉德的众多珠宝设计师中最有传奇色彩的就是杰德·贾格尔了。她的父亲是摇滚巨星“滚石乐团”主唱迈克·贾格尔，母亲则是行事作风媲美麦当娜的比安卡·贾格尔，做过模特儿的杰德·贾格尔年轻时也曾叛逆过，但她后来修习艺术并着迷于珠宝设计。1997年，杰德·贾格尔推出了个人首饰系列，2000年正式出任杰拉德的设计总监。杰德·贾格尔的设计大胆、时尚，她为杰拉德创作出许多结合品牌传统又新颖前卫的珠宝，如作为品牌标志的十字架系列，以及深受明星喜爱的羽翼系列。杰德·贾格尔就像是一种证明，证明着新时期杰拉德珠宝崭新的气质。杰德愿意“用珠宝诠释新一代人，在前进的同时不忘向历史汲取经验。”现在，她与她的团队正将杰拉德彻底改造成为英国的“珠宝先锋派”。

杰德·贾格尔最近推出了新的珠宝系列“宝物”，其中一款以“唇”为题的珠宝，令人联想到杰德·贾格尔家族成员都拥有的丰唇，以及“滚石”那张以迈克·贾格尔为设计灵感的“大嘴”图腾，“唇”成为延续贾格尔家族特色的代表作。

菊花钻

有什么快乐能比得上拥有珍宝呢？杰拉德拥有一颗绚丽的菊花钻，重104.16克拉，梨形切割，曾经作为中心钻被镶嵌在某位伯爵夫人的项链上。在刚刚被开采出来的时候，它的圆形原钻看上去是浅黄色的，但经切割之后，钻石呈现出鲜艳的橙棕色。正是因为这种菊花暖色，该钻石才得名“菊花钻”。钻如其名，菊花钻就像一朵盛开的菊花，散发着淡雅的艺术香气。

GEORG JENSEN

“永恒”是乔治杰生的设计语言。乔治杰生所有的设计，你会以为是昨天的设计，但它们可能是 20 年前、60 年前或是去年设计的。乔治杰生这样要求设计师：你的创作不但是给明天的你，也是给 20 年后你的小孩。

——乔治杰生总裁　郝士高

Georg Jensen 乔治杰生

提起北欧国家丹麦，很多人会立即联想到美妙的童话。在丹麦，有两个人用他们一生的热情为世人打造了无与伦比的童话世界——童话国王安徒生和最伟大的银匠乔治·杰生。乔治·杰生童话世界的主角是银子，人们说“如果银子会说话，讲的一定是丹麦语。如果银子认得路，那它们一定去找乔治·杰生。”这句谚语淋漓尽致地体现出人们对乔治杰生银饰的喜爱。

银匠翘楚乔治·杰生在漫漫人生中始终保持着如同孩子一般的纯粹，他执著地钻研当时已经被很多工匠摒弃，并被认为过时了的银器制作技艺，并最终获得了成功。一个世纪以来，乔治杰生凭借纯净且超越时尚界限的设计风格，俨然成为精雕艺术的同义词。优雅简约的乔治杰生银饰不断挑动着世人的感官，并获得掌声无数。

乔治杰生每年都会推出两条“年度项链”，一条纯银，一条用宝石镶嵌而成。另外，从 1995 年起，乔治杰生每年邀请一位设计师创作“年度设计师项链”。每年这三条项链再加上耳环戒指的配件，都会吸引无数狂热的追随者。

执著于白银的一生

GEORG JENSEN

在乔治·杰生的工作间里，至今还写着他的座右铭：“不要跟随潮流，但是如果你想在奋斗中保持年轻，就要遵循现在的一切。”而回溯乔治·杰生的一生，你会发现他把白银当做自己的最爱，并执著甚至有些固执地将制作银器当成自己的终生事业。

1866 年，乔治·杰生诞生于丹麦首都哥

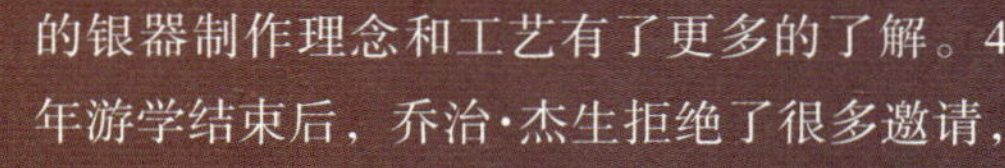

本哈根北边的一个小镇中。他的父亲是当地刀具制造厂的一名磨工，这个工厂周围的树林诱发了乔治·杰生对世界的美好想象，对他以后的艺术生涯产生了很大的影响。乔治·杰生14岁就开始在刀具厂当学徒，工作之余学习雕塑，他那时的梦想是成为一位雕塑家。很快人们就发现了他在艺术上的天赋，并纷纷建议他去参加一些专业的学习。学徒师满后，乔治·杰生进入了皇家美术学院学习雕塑。1900年，他得到了美术学院的奖学金，开始了为期4年的意大利和法国游学生涯。在游学过程中，乔治·杰生对欧洲大陆其他国家的银器制作理念和工艺有了更多的了解。4年游学结束后，乔治·杰生拒绝了很多邀请，他带着对雕塑造型艺术的热爱回到了丹麦，在哥本哈根建立了一个简单的银器制作工坊。虽然当时银器制作已经有些过时，但乔治·杰生却一心想要干出些成绩，用自己游学中形成的新观点，来赋予古老银器以新的生命。他所设计的珠宝、刀叉餐具及银雕器皿等作品很快获得了热烈响应，其声名也远播至世界各地。

与当时的传统银匠不同的是，乔治·杰生既精通雕刻艺术的表现手法，又熟悉各民族最精良的传统文化。最重要的是，乔治·杰生始终拥有强烈的创作欲望。他曾说："当看着一片树叶或一个孩子时，灵感就会涌现。灵感必须是来自内心的、想要爆发出来的力量。"不论创作什么主题的造型，唯有这想要"爆发出来的力量"才能引导真正的艺术出现。乔治·杰生的不懈努力很快得到了回报。他从1910年起接连获得了众多奖项，包括布鲁塞尔万国博览会金奖、旧金山万国博览会金奖、巴黎万国博览会金奖、巴塞罗那万国博览会金奖。1918年和1924

年，乔治·杰生的银饰先后被封为瑞典和丹麦王室御用饰品。

乔治·杰生去世后，其工坊依旧坚持着他的设计思想和风格，并逐步发展为享誉世界的顶级银饰品牌。在珠宝创作领域，乔治杰生有镶嵌着钻石、多色宝石的铂金、18K金作品，亦有传承乔治·杰生经典工艺、风格明晰的银雕饰品，其特色是将不规则几何流线形态与细腻的铸造技术、前卫的设计相结合。乔治杰生的珠宝精炼、优雅而且纯粹，它不只是单纯的装饰物，更是会随着个人特质变化的艺术品！手链、颈链、耳环、胸针、戒指、发饰……也许乔治杰生真是“万能的”，用万能的白银语言描绘出迷人的诱惑意味。

工艺至上的创作哲学

GEORG JENSEN

现在的乔治杰生公司隶属于皇家斯堪的纳维亚集团。在100余年的发展历程中，虽然公司经历了几代领导人的更替，但始终不变的是其产品的非凡品质，以及工匠们对技艺的孜孜追求。

在乔治杰生公司，尊重工艺的精神依然流传不辍。乔治·杰生在世时制定的制作标准仍在执行。工匠一般都是坐在一些宽敞明亮而寂静无声的房间内专心致志地工作。房内摆放着各式保养良好的工具，每一种都有其特别用途。这些工具通常是由工匠本人亲自制造的，它们伴随主人工作一生，有的还会流传至下一代。在厂内工作的人大部分是工艺精湛的名师，他们以打造银器为终身事业。整个工厂内弥漫着一种愉快的气氛，人人全神贯注地工作着，施展其看家本领制作精美的银器，其作品纯属个人创作成果，灌注了银匠本人的浓厚感情。打制一件银器需要数天甚至数个星期的时间，每当一件作品完成，其制作工匠都会兴奋一场，犹如一个父亲看到孩子呱呱坠地般喜悦。

“新生代”系列

“新生代”系列用蛋形设计来表达生命的真谛，庆贺生命降临。环环相扣的造型，象征着母子亲情无可取代的崇高地位。它展现了乔治杰生传统工艺与现代设计的完美融合，蕴含着迷人的气息与活力。

我的实验室唯独造不出两种东西，它们就是钻石和珍珠。而御木本竟能培育出珍珠，这无疑是世间最伟大的奇迹之一！

——发明大王　爱迪生

Mikimoto 御木本

当一颗颗饱满圆润的珍珠串连在一起，在女性的脖颈处熠熠生辉，每个人都会为这种凝练传神又不张扬的美深深打动。看惯了钻石、红宝石、祖母绿的炫耀，再看珍珠时，会发现它的美是真正的自然之美、和谐之美。珍珠不会像钻石一样，一现身就立刻成为全场的焦点，让佩带者身上的其他首饰都黯然失色，而是宁静地、体贴地传递着它独有的温柔之美。

在欧美珠宝品牌一统天下的格局下，日本的著名品牌、以珍珠闻名于世的御木本，可谓是东方的骄傲。多年来，御木本独创的人工育珠方法世代传承，其首饰始终保持着对品质的追求——典雅完美，工艺精良。如果日本皇室又定制了一件珍珠饰品，毫无疑问，它一定来自御木本，这个被视为国宝的珠宝品牌不仅是日本的皇室御用品牌，更得到了英国皇室和贵族的青睐，并且它还为全世界的珍珠设定了等级标准。

奋斗一生的“珍珠之王”

19 世纪之前，人类获取珍珠的方法只有一种，那就是由渔民出海采珠。那时所有的珍珠都是天然珍珠，也有渔民动过人工养

殖的念头，但都以失败告终。所以很多人都固执地认为，珍珠是上帝送给人类的礼物，珍珠是不可能人工培育的。

御木本幸吉就是那个在养珠方面第一个吃螃蟹的人。御木本幸吉于1858年在日本三重县的志摩半岛出生，是家里11个孩子中的老大。御木本的祖先都是以开小面摊为生的，他的父亲和母亲希望长子能继承家族做面的手艺，早点赚钱，减轻父母的负担。那时候，日本与中国以及东南亚一些国家的外贸交易十分繁荣，靠海吃海的日本人大量打捞海参、海鱼、海贝来与外国商人交易，赚取巨大的利润。这个时候，不满足于仅仅经营一个小面摊的御木本幸吉也开始转做水产生意。在长期与渔民打交道后，他发现渔民们出海时偶尔打捞到的天然珍珠往往能卖出令人惊羡的高价。第一次见到天然珍珠时，御木本幸吉被它们梦幻般的光泽深深吸引了。在得知由于渔民毫无节制地肆意打捞，天然

"丝绸之路"大型首饰系列

大型首饰系列"丝绸之路"是御木本最杰出的代表作。该系列围绕"丝绸之路"这一主题，从2005年一直展出到2007年。设计师亲身游历丝绸之路以汲取创作灵感，设计出多款美轮美奂的颈链、吊坠、戒指、胸针及耳环。其中重点之作是"女神之衣"大型项链，由数百颗珍珠及钻石穿成，款式夸张夺目。另一款"光明大道 II"吊坠，灵感源自位于土耳其爱奥尼亚海滨的以弗所城废墟，款式新颖，备受赞誉。

珍珠的数量急剧下降的消息后，御木本幸吉毅然而然地选择拿出全部家当，携妻带子来到家附近的海岛开始尝试人工培育珍珠。这一年是 1880 年。

没有人可以预知未来，如果御木本幸吉能够预知未来，他也许会被那些无法忍受的痛苦吓倒，从而止步不前，而人类人工培育珍珠的历史也将延迟数十年甚至百年。第一年，御木本幸吉将各种不同的物质放入蚌体内，但 3 个月后打开一看毫无变化，御木本幸吉很快就获得了“傻瓜”的称号。1892 年，一场罕见的赤潮几乎将御木本幸吉 4 年的努力毁于一旦。1893 年，御木本幸吉终于成功培育出第一颗人造珍珠。虽然这只是一颗半圆形的纽扣珠，其貌不扬，但这是人类历史上第一颗人工培育出的珍珠！御木本幸吉还凭此申请了日本的人工养珠专利。御木本幸吉于 1899 年在东京银座开设了首家珍珠专门店，成为当时世界上唯一一家专门销售珍珠的珠宝饰品店。

天有不测风云，比御木本幸吉小 6 岁的爱妻，因为积劳成疾，撒手人寰。1905 年，又一场赤潮几乎吞没了养殖场 85 万只珠蚌。几乎对人生感到绝望的御木本幸吉却意外地在一只外套膜有一个伤口的母贝里找到一颗圆润完美的珍珠。他迅速检查其他母贝，竟然找到四粒相同的珍珠，且伤口都处于母贝的外套膜上。他因此破解了苦思多年而不得其解的圆珠养殖难题。

御木本幸吉开辟了人工养珠的新纪元。要知道在此之前，珍珠只是达官贵人和商贾富人才能享用的珍宝。随着人工养珠的成功，珍珠这个“旧时王谢堂前燕”，也终于“飞入寻常百姓家”。更重要的意义是日趋严重的世界珍珠危机得到缓解，对于珍珠的毁灭性的开采也因此得到了改善。

百年珍珠传奇

M
MIKIMOTO

然而，当时很多人对于御木本幸吉的人工养珠抱有敌意。20世纪20年代，一些人在巴黎和伦敦提出诉讼，试图阻止御木本幸吉出售他的养珠，有些不法商人甚至以“养珠”的名义兜售假珠子。御木本幸吉为此采用了很多对策，他花费了大量的时间和金钱用于普及人工养珠知识，同时又对不法商人的无耻行为进行严厉控诉。1907年，他开设了全日本第一家首饰工作坊，正式进入珠宝行业。1911年，御木本第一家海外分店在伦敦开张，随后世界上很多大城市都有了御木本珠宝店。

是珠宝商更是科学家的御木本幸吉生前得到了很多至高无上的荣誉。1905年，日本明治天皇亲自接见了他；1920年，日本人将御木本幸吉尊为“养珠之父”；为彰显他的功绩，日本天皇曾亲赠其手杖；爱迪生也向他道贺说：“你创造了一个科学奇迹！”1924年，御木本被日本皇室指定为御用珠宝首饰供应商。此后，日本皇室举办婚礼，御木本首饰是必备的礼品。而英国皇室等欧洲皇室也都成了御木本的尊贵客人。

御木本幸吉于1954年去世，享年96岁。他过世后，日本政府特别为其追颁了日本一等荣誉奖章，日本媒体称他为“真珠王”（日本人称珍珠为“真珠”）。时至今日，御木本已经在世界各地开设了100多家分店，延续着百年的珍珠传奇。

异国风情系列

异国风情系列充分运用多种材质及丰富的色彩，并融入了东方醉人的镂花窗棱等设计元素，活力感十足。该系列共有两种色系，表现佩戴者不同的风格：以黄金搭配暖色系彩色宝石，表现成熟女性的华美风韵；而白金配冷色系彩色宝石，则能表现稳重感性之魅力。

御木本“真珠岛”

在日本中部的三重县鸟羽市海湾，有一个面积2.4万平方米的“真珠岛”。这里是御木本幸吉造出世界上第一颗人工养珠的地方，也是御木本养珠业的大本营，这里更见证了御木本品牌的所有故事。“真珠岛”上有御木本品牌的纪念馆、博物馆、购物广场和御木本幸吉的铜像。

在古日本，从事下海采贝职业的女人被称为海女。为了还原这一古代采珠工种的工作状况，“真珠岛”上的员工花了很长的时间来学习“海女采贝”的技巧。现在游客们来到“真珠岛”，就可以看到身着白色潜水服，吹着口哨潜入大海的海女。训练有素的海女们步调一致地露头、出手、掌心摊开，一只母贝即展于掌中。扔贝入桶，她们再次潜入海底。这是全日本唯一能够看到海女这一古老工种的地方。

此外，岛上的“真珠博物馆”还收藏了各国极品珍珠以及御木本历年参展万国博览会的经典之作，其中包括1937年震撼巴黎万国博览会、同时也是日本装饰品代表作的“矢车”。拥有华美珠宝镶嵌工艺的“矢车”，透过细密精准的构造关节，一只小小的和服扣带只需用简单的道具辅助，就可被分拆成12款不同造型的独立首饰，如戒指、发夹、吊坠及胸针等。这款作品在巴黎售出后，就仿若消失般不见了踪影。直到50年后，在1988年的纽约苏富比珠宝拍卖会场上，才奇迹般再现芳踪。

BUCCELLATI

珠宝表达的是文化层面的意义，世人可以通过历代布契拉提珠宝珍品了解当时人们的信仰。

——布契拉提第二代传人　姜马利亚·布契拉提

Buccellati 布契拉提

260多年前，在当时欧洲大陆最为时尚的城市米兰，布契拉提这个名字就在当地最有名的“金饰街坊”中出现了。高贵、端庄是形容布契拉提的最佳形容词。作为拥有百年历史的意大利珠宝品牌，布契拉提具备了该民族特有的气质：华贵、时尚但又不失奔放。这样完美的糅合怎么能让人不为之心动呢？近一个世纪以来，很多人模仿布契拉提的风格制作珠宝，但这丝毫不能动摇其“金艺王子”的地位。布契拉提非常注重对珠宝工匠的培养，因此它的风格始终保持一脉传承，精湛如初。上等的材质、精美的做工与完美的设计都让布契拉提珠宝散发出永恒的魅力。它的价值绝非是用“昂贵”两字就能概括的，因为在它的面前，即使是再名贵的珠宝也都会显得黯然失色。

意大利的金艺世家

BUCCELLATI

意大利是欧洲受文艺复兴影响最深远的国家之一，14至16世纪的文化思潮几乎渗透到了意大利所有的手工业中，其中珠宝产业尤甚。从18世纪开始，珠宝商布契拉提家族就很好地领会了意大利悠久的历史文

化，并将之在珠宝创作中完美地体现出来，这种风格十分符合意大利民众的审美取向。

真正让布契拉提家族走出意大利国门，成为整个欧洲最受欢迎的珠宝品牌的是家族中天赋极高的马里奥·布契拉提。1906 年，14 岁的马里奥拜当时米兰最负盛名的金匠贝特拉密为师，学习制作金银艺品的技巧。很快，马里奥的天分就让他的师傅赞叹不已。在学习制作工艺的同时，马里奥还非常喜欢钻研文艺复兴时期意大利的文化遗产，包括当时的珠宝制作工艺，在学习过程中，马里奥还会加上自己的理解进行改革。到了 1919 年，马里奥在米兰一家有两百年历史的珠宝学院旧址上开设了自己的第一家珠宝店。他凭借着意大利最精妙的珠宝制作工艺，很快就在欧洲名声大噪，并赢得了“金艺王子”的美誉。当时，意大利、西班牙、比利时等国的王室、贵族都以佩戴布契拉提饰品为荣。

马里奥的儿子姜马利亚·布契拉提让布契拉提品牌更上一层楼。他和父亲一样，也把设计当做发展品牌的头等大事。大自然就是他的灵感源泉，花草树木、虫鸟动物都在他

翡翠项链

1998 年佳士得拍卖公司拍卖了一件布契拉提设计制作的翡翠项链。翡翠部分被设计成三角形翡翠饰板，上面刻有花卉和叶子的图案，翡翠边缘以黄金包围，再以圆钻将每个部分连接起来。整件作品的结构并无复杂之处，但工艺十分精细，黄金与翡翠的结合方式颇具特色。意大利的传统雕金技艺融入到翡翠之中，赋予了作品永恒的生命力，珠宝与艺术也在这里相遇、相通。

设计的珠宝中得到完美呈现。1973年，热心于传播珠宝知识的姜马利亚在意大利创办了“意大利宝石学院”，向年轻一辈传播各种翔实的宝石知识。1981年，意大利总统颁给姜马利亚代表至高无上荣誉的“巨十字武士”勋章，以表彰他在文化艺术上的贡献。

姜马利亚的三个儿子也都成为布契拉提家族的中流砥柱。大儿子掌管银器部，二儿子管理着美国和意大利分公司，并且与父亲一起负责设计和生产，三儿子负责腕表部、市场部和品牌推广。现在，布契拉提的专门店遍布全世界，伦敦、巴黎、威尼斯、东京、洛杉矶、莫斯科……纽约奢侈品研究调查机构曾经在高端消费人群中对20个顶级珠宝品牌进行了“奢侈品价值指数”调查。结果显示，布契拉提在宝诗龙、宝格丽、戴比尔斯、伯爵、蒂芙尼与梵克雅宝的光芒中胜出，与海瑞温斯顿和卡地亚分别占据前三名的位置。

宝石与黄金蕾丝

BUCCELLATI

在国际珠宝界，布契拉提以精湛的工艺闻名。挑战一个又一个技术上的极限，似乎成了布契拉提设计师们最大的乐趣。16世纪，蕾丝开始在意大利和比利时的纺织工厂里出现，并且迅速席卷了欧洲。这种优美淡雅而又不乏性感的服装面料启发了马里奥·布契拉提，如何用柔软的黄金打造出这种细腻的纹理？能不能将蕾丝的技巧应用到首饰制作中来？在这种近乎疯狂的想法下，布契拉提独门的雕金技巧——织纹雕金诞生了。

其实织纹雕金技巧在文艺复兴时期已经为金匠们使用，但是后来却不幸失传。马里

种切割的切面同样比较低调，同时也很温和，可以像纺织衣物那样向各个方向重叠切割；ORNATO：这是一种复杂的工艺，主要应用于表现大自然生物的造型，如动物、树叶、花朵等等，换句话说，这种技艺最真实地还原了生活中那些最原始的事物；MODELLATO：这是最精致的技艺，运用三维切割法，主要应用于边缘切割。

和其他品牌不同的是，布契拉提不愿意过多地炫耀品牌标识，有时候人们在它的作品上甚至找不到品牌标识。布契拉提认为，与众不同的风格才是最好的“标识”，以至于在它的珠宝作品上，真正的标识变成了可有可无的点缀。没有人出于炫耀的目的购买布契拉提，说到这个名字的时候，人们往往会经历一种感动，一种发自内心的热爱之情以及对古老工艺的由衷赞美。

奥将织纹雕金加以创新，演变出多种不同的织纹来，再将这些技巧应用到金银饰品与珠宝制作中，使作品看起来格外高雅华丽，就像给宝石加了一层黄金蕾丝。布契拉提家族的织纹雕金在整个珠宝界引起了轰动。黄金蕾丝加上层叠的稀世宝石，一起构成了布契拉提诱人的神秘光芒，也造就了布契拉提家族高雅、独特、富有创造力的品牌文化。

运用纺织技艺上的蕾丝切割是布契拉提珠宝的特色所在。不同的黄金“编织”技巧，加之巧妙镶嵌的各种宝石，其精美纤丽的风格令人赞叹不已。布契拉提著名的切割工艺有以下几种：RIGATO：用平行线切割金属表面，得到光亮的效果，通常运用于切割边缘；TELATO：这是纺织工艺上的精工十字绣手法，这种切割法留下的切面并不是那么闪耀，看来像亚麻布；SEGRINATO：这

SWAROVSKI
SWAROVSKI

施华洛世奇不需要代言人，因为它不仅仅是商品，更是一件艺术品。艺术品是不需要、也是无法被代言的。

——施华洛世奇董事局成员　马可斯·施华洛世奇

Swarovski 施华洛世奇

施华洛世奇是一个普通的姓氏，可是在奥地利，享有这个姓氏便是一种至高的荣誉！因为时至今日，只要一提到水晶，人们首先想到的就是施华洛世奇。施华洛世奇是晶莹璀璨的造梦公司，百年来为无数人的生命增添流光溢彩。如今，这家古老而神秘的公司仍保持着家族经营方式，把水晶制作工艺作为商业秘密世代相传。

水晶的诗意

毫不夸张地说，施华洛世奇的历史就是水晶近一个多世纪的发展史。300 多年前，世界上最好的水晶工艺都在捷克波西米亚。那里有着众多擅长切割水晶的能工巧匠，世界上第一盏水晶灯就是在他们的巧手和智慧下诞生的。除了一些专业的水晶工匠，很多种田耕地的农夫也精于此道，在家中切割水晶石，成了他们冬天的赚钱妙招。虽然这些工匠的手艺无可挑剔，但是当时的水晶作业还停留在手工作坊的阶段，没有进入工业化大生产阶段，也没有统一的产品标准。

施华洛世奇创始人丹尼尔·施华洛世奇

于1862年诞生于波希米亚伊斯山的一个小村庄中。同当地的百姓一样，他的祖辈们也一直从事着水晶切割的生意。在父亲的传授下，丹尼尔迅速掌握了高超的水晶切割工艺：打磨包括水晶在内的各种各样的宝石，用于装饰胸针、发饰、发梳等饰物。

1883年，21岁的丹尼尔去维也纳参观了第一届电气博览会。西门子和爱迪生具有革命性的工业发明让丹尼尔感到，珠宝的加工也应该迅速结束手工时代，转为机器加工。为此，他决心发明一台自动水晶切割机。从奥地利回国后，他就开始了研究工作。9年后，经过无数次的实验，丹尼尔终于造出可将水晶打磨成数十个切面、在当时拥有极高工艺水平的自动切割机。1895年，丹尼尔·施华洛世奇与弗朗茨·维斯、阿曼德·考斯曼两个合伙人在奥地利创立了全球顶尖的水晶制造公司施华洛世奇。丹尼尔从1908年开始试制人造水晶。他和三个儿子威廉、弗里德里希和阿尔弗雷德在瓦腾斯的别墅旁边专门建造了一个实验室，花了3年时间设计制作了融化炉。1913年，施华洛世奇公司开始大规模生产无瑕疵人造水晶石。这些创举具有超越时代的意义，而且丹尼尔强烈的品牌意识在当时的珠宝商中也很少见。

值得一提的是，施华洛世奇公司创建之初，适逢一个战乱频繁、经济动荡的年代，但丹尼尔却在这样不利的时代背景下，发挥了自己非凡的商业才华，在逆境中开辟了一条新出路，而施华洛世奇公司所在的无名小

世界上不少皇室家族和大牌明星都拥有心爱的施华洛世奇水晶。很多重大演出、颁奖典礼上，也能看到由施华洛世奇装扮的丽影。在妮可·基德曼的《红磨坊》、奥黛丽·赫本的《情归巴黎》、格蕾丝·凯利的《上流社会》里，施华洛世奇更是从容流转于光影之中。

切割和切面的水晶产品，且始终走在潮流尖端。今天，施华洛世奇已经发展为一个全球知名品牌，不仅在珠宝上，而且在时装、灯具、摆设精品等方面都颇有成就。甚至在望远镜领域，施华洛世奇都是超一流的品牌，这一领域是丹尼尔长子威廉在1935年开辟的。在水晶灯方面，施华洛世奇更是全球范围内的最佳选择。纽约大都会歌剧院、巴黎凡尔赛宫，甚至中国人民大会堂的水晶吊灯都是施华洛世奇出品的。

除了令人赞不绝口、爱不释手的水晶制品，施华洛世奇更以其深刻的水晶文化而被世人认可。施华洛世奇代表的超然情趣和高雅格调让很多人成为它的收藏者，而它的水晶制品则成了恋人们表达爱意、见证纯洁爱情的最佳礼物。

镇瓦腾斯也成为世界珠宝商齐聚的地方。在一系列的工艺研究成功后，施华洛世奇又把切割水晶的应用范畴予以扩大，当时很多世界顶级时装、珠宝和水晶灯上都可以看到施华洛世奇牌水晶。有一个例子，可以说明丹尼尔的非凡才能：20世纪20年代，欧美时尚界开始流行装饰着珍珠和水晶的裙装。丹尼尔迅速发明了一种大受时尚界欢迎的石带，上面缀满了漂亮的碎水晶，可以直接缝在衣服或鞋子上。很快，这种石带就在香奈儿、古驰、迪奥等顶级时装上“闪耀登场”，又一次让公众见识到施华洛世奇水晶的非凡魅力。

在百余年的发展历程中，施华洛世奇共设计制造了超过12万种不同形状、颜色、

SWAROVSKI

施华洛世奇的发祥地瓦腾斯小镇位于奥地利西部，地处偏僻的阿尔卑斯山麓，人口也只有几千人。因为施华洛世奇在1995年百年华诞之际，在这里依山修建了“施华洛世奇水晶世界”，所以这个小镇成为很多外国游客来奥地利的必选景点。

每天成千上万的游客不远万里来到这里观看造型怪异的阿尔卑斯山“巨人”。这个“巨人”匍匐在一个山头，两只水晶大眼在阳光的照射下闪烁着一种奇异的光彩，从它的嘴巴里奔涌而出的泉水落到了前面的湖中，发出了巨大的咆哮之声。这个“巨人”就是著名的施华洛世奇水晶世界，“巨人”的嘴巴就是供游客进出的大门。在“巨人”体内占地1858平方米的游客中心里，有七个不同主题的地下展馆。展品包括重达61千克的世界上最大的水晶和由12吨彩色水晶砌成的水晶幕墙。

“巨人”对五湖四海的来客敞开大门，而不远处的水晶工厂却谢绝参观，因为直到今天，施华洛世奇水晶的制作过程仍属于商业机密，是一个保持了一个多世纪的关于水晶的“不能说的秘密”。

紫水晶项链和吊坠系列

克里斯托弗·凯恩设计的紫水晶项链和吊坠系列以一种灵动的方式充分展示出了紫色、淡紫色和紫红色天鹅绒上紫水晶熠熠生辉的美感。设计师说：“在我得悉施华洛世奇晶网技术的那一刻起，我就希望能够运用这种技术。施华洛世奇的时尚派对对我而言是一次绝好的机会，让我得以从摇滚乐中汲取灵感，水晶颜色的渐变就像立体声系统上的图形均衡器一样，颜色在紫色和淡紫UV色之间由深入浅，不断变化。”

集中在三位家族成员的身上：科恩，39岁，施华洛世奇的北美分公司负责人；娜佳，35岁，国际交流部负责人；马可斯，31岁，品牌管理负责人。这三个人虽然同样是施华洛世奇家族第五代成员，但却很难就品牌定位等重大问题达成一致，甚至有传言说他们已经发展到了互相不交谈的地步。

娜佳想把施华洛世奇水晶产品塑造成高档的奢侈品，并为此请来众多国际知名的大牌设计师，还举办了一系列规模隆重的宣传展示活动。其他两人的观点则与其完全相反，娜佳的表兄科恩认为："奢侈品固然很重要，但真正为公司带来收益的是日常工艺品，我们打算朝这个方向重新定位品牌。"与他站在同一阵线上的是马可斯。他们的分歧也造就了施华洛世奇产品种类的多样性，既生产高档的奢侈品，又生产一些高品质的日常工艺品。

第五代的家族之争

SWAROVSKI

丹尼尔·施华洛世奇于1956年过世，享年94岁，他身后留下了一个极其庞大的家族。

2002年，家族第五代成员全面登上公司的最高权力舞台。目前公司的行政管理工作

弗雷·威利是源自音乐之都的精致乐章，它不会做潮流的追随者，只会成为时尚的弄潮儿。

——弗雷·威利品牌评介

Frey Wille 弗雷·威利

FREY WILLE

奥地利首都维也纳是一座有着浓厚艺术氛围的城市，贝多芬、莫扎特、舒伯特出生在这里，弗雷·威利珐琅珠宝也在这里诞生。弗雷·威利用短短50年的时间建立了自己的王国，成为举世瞩目的顶级珠宝品牌，而其他珠宝品牌的这个过程通常需要100年左右。弗雷·威利将欧洲的传统文化、别具一格的造型和奢华的金珐琅材质相融合，开创了全新的珠宝概念。独特的制作工艺与灿烂的色彩运用更是让弗雷·威利的每件作品都散发出令人无法抗拒的吸引力。

每一件弗雷·威利珐琅珠宝都体现了无与伦比的工艺和品质。对于一件奢侈品而言，陈列在橱窗中并不是一件难事，但是能够陈列在博物馆里，就意味着它已跳出了单纯的奢侈品范畴，而升华为艺术品，弗雷·威利无疑就是这样一件艺术品。它已经骄傲地陈列在巴黎卢浮宫、伦敦中英美术馆以及维也纳美术馆里。人们在欣赏它的时候，想的不只是拥有它，更多的是对艺术的崇拜。

秋日的巴黎是如此让人着迷，城市中的橱窗纷纷运用起巴黎人最钟爱的卡其色与巧克力色来演绎独具特色的秋韵。这些色彩捕捉着城市阳光里温暖的气息，同时也完美折射出巴黎人优雅的生活情调。

在2008年斯芬克斯系列中，弗雷·威利在保持原有经典艺术史设计的同时，开始尝试用现代的时尚词汇去诠释这种巴黎风韵。设计团队力求运用精妙绝伦的工艺与流行色彩来更好地捕获这些经典久远的题材，因此这一系列也推出了卡其色与巧克力色作品。

奥地利的国宝

FREY WILLE

弗雷·威利是世界上唯一一家精于艺术设计的珐琅饰品制造商，也是奥地利国宝级品牌。弗雷·威利的名字由两代掌门人迈克拉·弗雷和弗雷德里希·威利的姓氏组成。带翼的狮身美女斯芬克斯标识为品牌增添了一丝的神秘感。

和其他拥有百年历史的珠宝品牌相比，弗雷·威利似乎太年轻，然而它独一无二的

"斯芬克斯"系列

弗雷·威利于2007年春季推出了"斯芬克斯"系列。斯芬克斯是希腊神话中的带翼狮身女怪，相传乘上斯芬克斯翅膀的人即可一生鹏程万里，安逸无忧。从20世纪90年代开始，斯芬克斯作为品牌标识出现在弗雷·威利的珐琅珠宝饰品上。

仲夏般绚烂的色彩饰以斯芬克斯的翅膀与头像，给人以尊贵不凡的印象。时尚绚丽的外形，无与伦比的白金材质，"斯芬克斯"系列对精致珐琅艺术作出了独特的诠释。

"艺术糅合文化的设计理念"为珠宝界树立了新的设计标准。弗雷·威利的创始人迈克拉·弗雷出生在奥地利的一个显赫家庭，但她却无心富贵，而是痴迷于艺术。1951年，她开始用珐琅创作装饰品和首饰。那时市场上大量流行的都是金银宝石饰品，珐琅制品却很少，弗雷首饰的出现犹如一阵清新的风，让人们感受到了别样的美丽与高贵。

1980年，迈克拉·弗雷去世，弗雷德里希·威利接手管理公司，此时的弗雷·威利集独一无二的设计理念、24K纯金装饰的珐琅、艺术和技术的顶级品质于一身，很快就受到了珠宝界的高度赞赏。

弗雷·威利带来了维也纳的高调品位。走进维也纳就仿佛迈进了艺术的门槛——早已被联合国教科文组织列为世界文化遗产的旧城，名列世界十大博物馆之一的现代博物馆，典雅瑰丽的建筑……艺术已经融入维也纳的生活，这里诞生的每一件弗雷·威利的珐琅珠宝中都流淌着维也纳的高贵血统，体现着珠宝界的顶级工艺和品质。

用艺术的精神创作

FREY WILLE

弗雷·威利的制作工艺至今不为人所知，一件看似简单的作品，事实上要耗费大量的时间和金钱，它的设计可能要花去200名设计师长达两年的时间，整个制作过程更是要经过80多道手工加工步骤。

"艺术糅合文化的设计理念"决定了弗雷·威利的创意要以翔实的艺术史为根据。其创作灵感多取材于经典建筑、希腊神话故

事、历史艺术家名作等。一幅画、一首乐曲、古埃及文化等等都成为了设计师创作的源泉。在20世纪90年代，克洛德·莫奈基金会提议弗雷·威利公司为纪念杰出的印象主义画家莫奈设计一系列首饰，这成为弗雷·威利创作“莫奈系列”的原动力。从1883年开始，莫奈在他吉维尼的庄园中生活着。在一位日本园艺师的帮助下，他用无数的花朵、睡莲和一座著名的日本桥营造了一个人间天堂。花园中的鸢尾花和睡莲都是莫奈和他的园艺师亲手种植的，这片花园成为莫奈艺术创作的灵感源泉，它同样启发着弗雷·威利的艺术家们，由此诞生了以鸢尾花和睡莲为主题的一系列精美珐琅首饰。

弗里登莱希·百水是对奥地利当代艺术界影响最大的画家。为纪念百水先生，弗雷·威利创作了“百水系列”，该系列是弗雷·威利最受欢迎的首饰系列之一。该系列将房屋作为创作主题，因为房屋在百水先生的艺术作品中常常出现，他认为房屋是安全的地方，是人的第三层皮肤。“百水系列”有白金和黄金两种装饰版本，多彩的颜色散发着迷人的光芒。两个版本都遵循着百水先生独树一帜的艺术真实性，这也是弗雷·威利设计师坚持的原则。

为了创作出美丽又深刻的作品，设计师们需要实地考察，查阅大量历史、艺术文献，从不同的文学作品、博物馆著名艺术作品中寻找创作灵感。其间，需要绘制不计其数的草图，颜色等细节在制作前也要反复推敲，弗雷·威利的设计师对创作的态度已经苛刻到了极致。这就是弗雷·威利的奢华态度。

CHAUMET

绰美首饰的光芒，并非来自它的体积，或者是钻石数目的多寡。因为，每个独特的创意都让它像一滴晶莹光亮的水，抑或是燃烧的火那样引人入胜。

——著名评论家　罗格·马克思

Chaumet 绰美

皇冠代表着至高无上的权力，而能够制作皇冠的品牌，也必然是珠宝世界里的王者。创始于1780年的法国顶级珠宝品牌绰美，在长达两个多世纪的发展历程中，多次见证了王者的无限风光，也成功地彰显了奢华到极致的皇家气派。著名的约瑟芬皇后、玛丽·路易斯皇后就多次头顶绰美的皇冠，度过人生中一个个重要的时刻。现在绰美珠宝不仅象征着权力与威严，还代表着成功和快乐。无论在哪里，它都散发着让人难以抗拒的魔力。

伴随一生的皇室荣耀

CHAUMET

哪个女孩心目中没有过公主的梦想？头戴璀璨的皇冠，身着华美的礼服，在众人的惊讶与赞美中缓缓登场……当麦当娜在婚礼上身着婚纱，头戴皇冠走向众人时，她的美丽与高贵不凡让观者倾倒，而她当时戴的皇冠正是绰美为她特别制作的。

代表了法国顶级珠宝工艺的绰美起源于1780年的巴黎，绰美的诞生注定是个传奇也是个巧合。巧合开始于绰美创始人马里·艾蒂安·尼托控制住一只脱缰的马匹，而保住了拿破仑的性命，这件事让当时身为执政官的拿破仑留下了深刻印象，也让这位极具才华的珠宝工匠有了崭露头角的机会。后来，年轻的马里·艾蒂安·尼托在巴黎创建了一家珠宝作坊，这就是绰美的前身。马里·艾蒂安·尼托凭着卓越的才能被拿破仑指定为御用珠宝商，除了为拿破仑家族铸造御用配剑外，也创作了一顶顶巧夺天工的皇冠。

成为御用珠宝商的尼托为约瑟芬皇后等皇室女眷制作了无数华丽的首饰，特别是他创作的后冠及其他冕状头饰，极大地宣扬了拿破仑及法国的威名。尼托设计的皇冠尊贵而奢华，代表了当时的王权与等级，也只有皇室成员才能佩戴尼托这一时期创作的皇冠，这些精美的皇冠被誉为“皇族印记，冠中之杰”。1804 年约瑟芬加冕，尼托为其制作的月桂枝叶后冠倾倒众生，这款后冠后来曾被多次仿制，备受鉴赏家的青睐。1811 年尼托为奥地利公主玛丽·路易斯与拿破仑大婚创制了后冠。此时的绰美皇冠风格经典独特，大量珍珠、钻石、宝石及富有希腊、罗马艺术色彩的图案的运用，展现出高贵的气魄和独特的贵族品位。

1848 年法国发生大革命，拿破仑政权倒塌，绰美的继承人离开宫廷辗转于欧洲各

冰晶系列

大自然的神奇变幻是这一系列的灵感源泉，它传承绰美的设计传统，利用白金和钻石打造出独一无二、尊贵古典的珠宝。所有钻石的表面都经过精妙的切割——从长方形切割，明亮式切割，公主式切割到具有复古特色的水滴形切割，以及闪烁神秘光芒的魔镜式切割。冰晶系列对珠宝的佩戴方式作了大胆而细腻的诠释：佩戴于小指的戒指，精美的手镯、胸针和活动流苏缀饰发簪……绰美如此耀眼夺目的精湛工艺已经传颂了两个多世纪。

CHAUMET

1880年，弗森的女婿约瑟·绰美继承了经营权。他正式以自己的姓氏作为品牌名称，从此确定了“绰美”这一品牌。约瑟由衷地热爱珠宝创作，在他的手中，绰美不仅发扬光大，而且走出英吉利海峡，直抵美洲大陆。20世纪初，绰美率先创出以铂金镶嵌宝石的皇冠制作方法，令名贵的宝石更为突出，此时的绰美走出宫廷皇室，开始被更多绅士、名媛们拥有。无论是朋友小聚、观看歌剧还是隆重宴会，绰美后冠都是女士们必选的配饰。

国，后来在伦敦被维多利亚女王钦点为御用珠宝商，英国的贵族们开始享用绰美为其特别设计的饰物。

这一时期，绰美的皇冠设计也出现了新的变化，法国人让·巴普蒂斯特·弗森继任尼托之后，一改皇冠浓厚的古典主义色彩，设计更为简单和时尚。此时的作品线条简洁圆润，创作灵感多来源于大自然，采用了花卉、枝叶、稻麦、蝴蝶、蔓藤等设计主题，冠饰由绿宝石、钻石、红宝石及其他珍贵宝石镶嵌而成，对大自然的崇尚体现了绰美求新求变以及精致无瑕的创作精神。绰美的皇冠首饰始终蕴含着典雅而与众不同的气韵，其高贵血统始终不曾改变。

瑰丽的绰美首饰盛极一时，欧洲各国的贵族及皇室人员均以拥有一件绰美首饰为荣，绰美皇冠已然成为贵族身份的象征。

从父亲约瑟那儿学做珠宝生意的马塞尔·绰美于1928年继承了绰美珠宝。20世纪

受到“咆哮的20年代”男性化潮流的冲击，绰美的珠宝设计更加几何化。在这种风格的影响下诞生了装饰艺术运动，它的名字来源于1925年巴黎的世界博览会。装饰艺术运动提倡注重表现材料本身的质感与光泽，多采用几何形状和折线，强调运用鲜艳的纯色、对比色和金属色以营造出强烈华美的视觉印象。装饰艺术运动影响深远，使法国的服装与首饰设计获得了很大发展。它融合传统与现代，冲破古典主义的繁复教条，营造出高雅精致的情境。

经历了政治、经济及社会风气的变化，时尚潮流亦随之变化着。绰美的珠宝设计却始终和时尚潮流紧密相扣。200多年来，代表了法国顶级珠宝工艺的绰美，接连创造出精彩的惊世杰作，在珠宝、钟表制作领域都占据了一席之地。如今，绰美已俨然成为西方上流社会人士和收藏家们最青睐的顶级珠宝品牌之一。全球最大时尚集团LVMH深深着迷于绰美沉稳内蕴的尊贵风采，在1999年底将之纳入旗下。

绰美，曾经受宠于拿破仑的珠宝品牌，拥有前卫中不失经典的设计和高贵简洁的风格。它总是站在潮流的最前沿，永远是独一无二的姿态。

20年代的巴黎活力四射，女人们穿着时髦，脸上洋溢着快乐。在比亚丽兹、都维尔、尼斯、蒙特卡罗，人们彻夜狂欢畅饮。他们嘴上叼着烟，享受生活。绰美在奢侈品风靡的环境中看到了商机，推出了银制烟灰盒与化妆盒。甚至凡登广场的沙龙聚会中，人们相互交换的名片也是出自绰美的梦幻设计。随着对克什米尔蓝宝石、哥伦比亚绿宝石、缅甸红宝石和南非钻石雕刻技术的提高，绰美的各式珠宝不断丰富着人们的梦想。

传贤不传子

CHAUMET

绰美珠宝事业的继承人皆由工坊里最具才华的珠宝师担当，传贤不传子的无私，让精良的工艺更能代代相传。

1815 年拿破仑帝国衰落后，绰美创始人马里·艾蒂安·尼托的儿子弗朗索瓦·雷诺·尼托离开了珠宝界，并把其业务转让给了他的首席珠宝匠让·巴普蒂斯特·弗森，弗森的儿子摩雷也随即加入。他们从意大利文艺复兴和法国 18 世纪艺术中寻找灵感，创作了优雅的浪漫主义风格珠宝首饰，深受当时社会名流的喜爱。后来，流转到英伦的摩雷在 1851 年开幕的首届世界珠宝展览会上被授予"最具名望的珠宝商"称号。

约瑟·绰美是摩雷的女婿，他于 1885 年成为珠宝店的第三代传人。他非凡的创造力和精湛工艺将绰美领入了盛极一时的美好时代。他所主导的美好时期风格与勒内·拉利克的新艺术风格分别为当时法国两大珠宝风格，这个时期也是绰美展现旺盛创作力的时代。1907 年约瑟·绰美把珠宝店迁至凡登广场 12 号，正是在这里，绰美精湛的珠宝工艺代代相传，至今已超过 220 年的历史。

"网着我……若你爱我"系列

此系列是一个关于魅力、诱惑和爱的隐喻游戏。珍爱、俏皮和多愁善感都掩藏在这由金与钻石交织如蜘蛛网的迷幻中。在此系列中有一款极为罕见的 142 克拉白色网状项链，玫瑰式切割的宝石和钻石镶嵌在黄金线条之上，缀在长长的由彩色珍珠和钻石组成的项链中。剔透的宝石在蛛网项链中闪烁着摄人的光芒。

FRED

弗雷德·塞缪尔作为那个年代最优秀的珠宝商之一，他用一双一贯正确的眼睛去探寻最好的宝石。创造力、构思、大胆、材质的组合、对于珠宝制作传统的尊敬，这些极具优势的元素，组成了弗雷德品牌70多年的辉煌历史。

——弗雷德品牌评介

Fred 弗雷德

弗雷德·塞缪尔的一生是革新的一生，似乎没有什么能制约他天马行空的想象力，也没有什么能阻止他创作出一个又一个让人目瞪口呆的珠宝作品。自从在很小的时候，他对五彩斑斓的珠宝产生了浓厚的兴趣之后，便深深地迷醉在珠宝的世界里不愿醒来，直到创造出难以置信的珠宝款式，直到他的珠宝成为人们颈间、指上最动人的风景，直到他创立的珠宝品牌成为人们争相传颂的佳话……

实干家弗雷德·塞缪尔

FRED

1908年，弗雷德·塞缪尔生于阿根廷首都布宜诺斯艾利斯，他的父亲是一位法国珠宝商，母亲是亚尔萨斯人。也许是受父亲的影响，弗雷德·塞缪尔在很小的时候就对珠宝表现出强烈的兴趣。1936年，弗雷德·塞缪尔在巴黎的皇家大街6号创立了一家珠宝店，并用自己的名字为它命名。他的作品甫一推出就获得了一些上流社会人士的青睐。后来他不仅在法国国内成立了多家珠宝店，还把生意做到了美国的洛杉矶。1981年，在洛杉矶分店开幕式上，弗雷德展示了重达105.54克拉的黄色美钻“金色的太阳”，让人叹为观止。

弗雷德·塞缪尔为人非常和蔼可亲、谦逊有礼，他还是一个塌实肯干的实干家。他为弗雷德品牌赋予了一个亲切和善的形象，并使之具有天马行空的创造力和自由开放的精神，这一点大大有别于传统珠宝谨慎保守的作风。

自20世纪60年代起，弗雷德·塞缪尔就邀请了众多艺术家为品牌设计独特超凡的产品。尚·考可多于1962年设计了一款黄金项链，后来，阿曼也设计了一款以黄金和木

红珊瑚系列珍品

价值高达150万元的红珊瑚系列珍品作为弗雷德最有创意的产品，是由AKA红珊瑚制作而成的。这种颜色深红的珊瑚种类产自于北太平洋，它被认为是全世界最好的珊瑚品种。这款海洋珍品在法国巴黎的一家公司里安详地“沉睡”着，等待一个合适的时机公诸于众。弗雷德用这款珠宝表达了他们对于大海无限魅力的崇敬。

侈品品牌。除了珠宝，弗雷德品牌在制作眼镜方面也达到了顶级的工艺水准。阿尔诺夫人在担任弗雷德首席执行官期间，将更多的艺术概念融入到珠宝创作中，使得弗雷德成为LVMH集团中举足轻重的品牌。

弗雷德为很多影视、音乐巨星设计过珠宝，其中包括朱丽亚·罗伯茨在《风月俏佳人》中佩戴的华贵的钻石红宝石项链。此外，在第75届奥斯卡颁奖典礼上，妮可·基德曼等著名影星也都尽情展示了弗雷德珠宝的风采。由于弗雷德的赋有创造性大胆的魅力，像道格拉斯·菲尔班克斯、玛莲·德烈奇、芭芭拉·赫顿、莱迪·康诺德等国际名流都将其珠宝作品收藏于私人珍品陈列室中。

特立独行的珠宝理念

FRED

弗雷德·塞缪尔是西方第一个将人工养殖珍珠应用到珠宝创作中的人。那时候，西方国家并没有认识到养珠的真正价值，有些

头为材质的小提琴戒指。今天，弗雷德品牌继续与知名设计师、艺术家合作，新概念的融入使得弗雷德珠宝拥有极简的线条、现代感的设计、不同的材质和工艺技术以及佩戴上的舒适感。

弗雷德品牌的独特风格和巨大潜力吸引了法国最大的跨国奢侈品集团LVMH，1996年，LVMH将之纳入旗下，弗雷德成为与路易·威登、纪梵希、迪奥并驾齐驱的顶级奢

弗雷德·塞缪尔还在当时首先提出了“运动型珠宝”的理念。由于对航行的极度热爱，他将“Force 10”系列珍品投放于市场。由钢做成波纹的手镯，配以舰队金钩子……这些经典作品是弗雷德·塞缪尔创造和革新能力的绝好证明。

人甚至认为，这些由日本人御木本幸吉培育出来的珠子是假珍珠，根本没有价值。眼光独到的弗雷德·塞缪尔却敢于逆流而上，他用这些只在电影银幕上出现的养珠创作了无数美轮美奂的珍珠首饰。巴黎的女人们对这些首饰青睐有加，把养珠无价值论统统抛在了脑后。在弗雷德·塞缪尔 20 世纪 30 年代的作品中，你会发现一种非常美丽的色彩，那种带有淡粉色的白被称为“弗雷德色彩”，这种色彩与珍珠有着特殊的关联。弗雷德·塞缪尔还创造性地将黄金与珐琅交融使用，这种新式珠宝在美国取得了巨大的成功，被誉为“魅力无限的珍宝”。

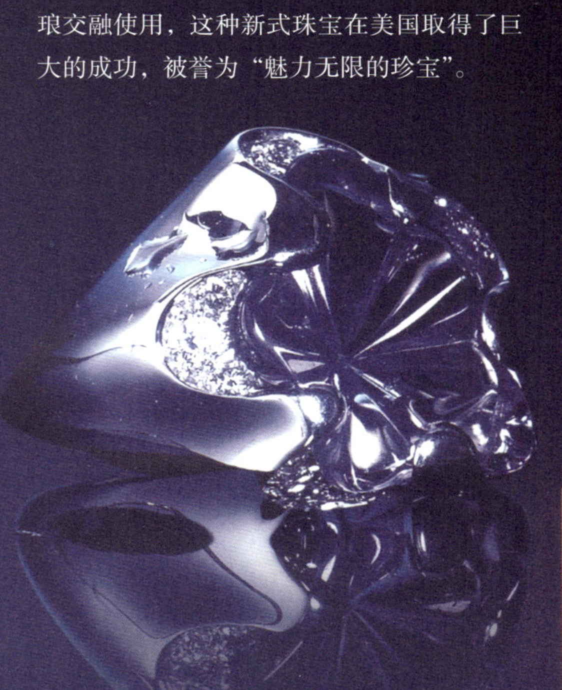

1991 年，弗雷德·塞缪尔迷上了有色宝石，在此之前，珠宝商很少使用有色宝石。他用各种颜色的蓝宝石来设计珠宝，将紫水晶、橄榄石和钻石予以奇妙的组合。他的得意之作是一款取名为“彩虹”的作品，这件独一无二的作品创作于 1984 年，使用了弗雷德·塞缪尔私人珍藏的 42 颗有色钻石。弗雷德·塞缪尔由此开创了用粉红、蓝色和黄色钻石制作珠宝的先河。

紫水晶戒指

紫水晶戒指是弗雷德珠宝大师巧夺天工的设计，迷人的紫水晶点缀其中，形成花瓣形状，散发着优雅迷人的光芒。

宝诗龙历经了五代的家族传承，始终坚持和保留着经典的手工工艺、完美的艺术时尚、丰富的历史内涵、昂贵稀有的材质和大胆创新的设计理念，这正是宝诗龙独特的风格所在。

——宝诗龙总裁　贝多兹

Boucheron

宝诗龙

第一个将钻石运用于珠宝设计，第一个在巴黎凡登广场设立精品店，宝诗龙在珠宝界有着许多壮举。创立伊始，宝诗龙即受到名流显贵的青睐，迅速成为世界知名珠宝品牌。在 1900 年传奇的万国博览会上，一鸣惊人的宝诗龙珠宝获得了与埃菲尔铁塔同样的关注度，甚至有业内人士评价说："宝诗龙是胆识过人、战绩彪炳的冠军，它总是令人目不暇接、甘拜下风，整个珠宝界应以它为荣。"直到今天，享誉 150 年的法国著名珠宝品牌宝诗龙，依然以其完美的切割技术和优质的宝石质量闻名于世，是珠宝界的翘楚，奢华的表征。

不属于中产阶级的珠宝

BOUCHERON

1858 年，28 岁的珠宝设计师弗莱德里克·宝诗龙成立了自己的品牌，并在巴黎最时尚的皇家宫殿区开设了一家精品店，设计制作了许多贵重的珠宝首饰、腕表和香水。有着 14 年学艺经历、师从于珠宝大师儒勒·蔡泽的弗莱德里克才华横溢，他别出心裁的设计迅速吸引了很多欧洲皇室、贵族和一些挥金如土的阔太太，包括俄国女沙皇、法国女演员萨拉·伯恩哈特、法国国王路易十四的宫廷乐师波利尼亚克伯爵夫人、美国百万富翁麦凯依和范德比尔特等名人。

1893 年，宝诗龙迁址到巴黎最热闹的商业区——凡登广场，弗莱德里克还大手笔地选中了当时法兰西第二帝国名媛卡斯第里欧尼伯爵夫人宅邸的一楼，用来经营新店。而此时的宝诗龙在传承着正统的巴黎精神的同时，开始了对新时代珠宝风格的探究。在宝

BOTANE 珠宝

"BOTANE"来自日文中牡丹一词。在亚洲传说《诱人的牡丹》中，醉酒后的牡丹化身为一个美丽的少女，一位青年才俊在去探望贵族未婚妻的途中遇上了这位由牡丹变成的美女，他决定放弃美好的将来，不顾一切地爱上了她。这款珠宝以牡丹花簇拥的形态，表现出一种短暂的快乐。在这里展示了牡丹生长的各个阶段：花蕾——绽放的花朵——枯萎。

代接班人杰拉德·宝诗龙在南美洲、北美洲和中东各地举办了一系列的展览；第四代传人阿兰·宝诗龙则将宝诗龙的精品店开到了日本。现如今，宝诗龙已经成为一个国际顶级品牌，在英国、俄罗斯、美国、日本、韩国等地开设了多家精品店，

150年来，宝诗龙不断设计出尽显宝石光辉的新作品。宝诗龙的珠宝系列中有白钻、彩钻、红宝石、祖母绿、蓝宝石和各种类型的珠宝。蓝宝石是宝诗龙最钟爱的宝石，蓝色也成为该品牌的标志性色彩，象征着永恒和梦幻。在漫长的岁月中，宝诗龙始终光彩照人，它从俄国芭蕾、立体派、装饰艺术、非洲艺术和波普艺术中汲取着灵感，其作品受到各个时期经典艺术风潮的影响，杰作层出不穷。在定位上，宝诗龙称自己的奢华永远不属于中产阶级，只属于城市金字塔的塔尖人群。而王公贵族、明星名人们也始终对尊贵无比的宝诗龙情有独钟，约旦王

诗龙登陆凡登广场后，陆陆续续又有很多高级珠宝品牌出现在这里，直到今天凡登广场都是巴黎的时尚圣地，也是外国游客最喜爱去的一个地方。值得一提的是，宝诗龙不只是个生意场上的成功商人，他还具有远见卓识，他是唯一在19世纪购买法国王室珠宝的法国珠宝商。宝诗龙购买了路易十六时期两颗非常罕见珍贵的马扎林钻石作为永久收藏，为法国珠宝史保留了珍贵的资料。

1902年，72岁的弗莱德里克去世，他的儿子路易·宝诗龙继承了家族事业，把品牌的影响力扩大到了纽约和伦敦等地；第三

TULIPA 珠宝

“TULIPA”是郁金香的希腊译文。在希腊神话中，海神的女儿郁金香是一位美丽的少女，她从爱人那里逃脱以后，陷入了一片荆棘之中。她企求戴安娜女神拯救她，最终被戴安娜变成了一朵在春天绽放的鲜花。在法国郁金香象征着强烈的爱和自我矛盾。TULIPA项链上的结的设计灵感来自于一种恋人之间的爱情标志，而黄色郁金香代表着至死不渝的爱情。

后的“树叶皇冠”、奥斯卡影后妮可·基德曼的黄金丝带头饰以及好莱坞巨星朱丽安·摩尔的祖母绿耳环等著名珠宝单品都是宝诗龙的杰作。

来自印度的神秘任务

BOUCHERON

宝诗龙的历史与世界各地王公贵族的历史密不可分。在创始之初，宝诗龙就是欧洲贵族女性争相拥有的“宝物”。著名的舞蹈家拉贝利·沃特沃委托宝诗龙为其特制的由宝石穿缀而成的紧身胸衣，则更是让宝诗龙声名大振。随后，宝诗龙又平步青云，成为很多王室成员的最爱，包括英国国王与女皇、保加利亚国王、埃及国王、威尔士王子……

宝诗龙与亚洲古老的国度印度也渊源颇深。1928年的一天，一阵敲门声过后，宝诗龙迎来了印度帕蒂亚拉王。他带着满满六大箱的珍宝，在寻找最杰出的珠宝商。一天之内，帕蒂亚拉王向宝诗龙定制了149款珠

宝诗龙 2007 款宝石戒指上镶嵌着令人眩晕的硕大宝石。一块硕大的红宝石放置在白金底座上，周围点缀闪亮的玫瑰红水晶。这款饰品的定义是唤起对爵士乐时代激情女性的怀念。这款戒指与女公爵的仪态万方、歌舞女郎的镇定自若相得益彰。

宝。与帕蒂亚拉王同来巴黎的有 40 个随从、20 个舞女、12 个年轻保镖。打开 6 个大箱子，路易·宝诗龙发现那些珍宝只是简单的用薄纸包着。一开始是白色、黄色和蓝色的钻石，共 7571 颗，重达 566 克拉；接下来是 1432 颗祖母绿，重 7800 克拉；然后就是蓝宝石、红宝石以及稀有的黑珍珠。按照 1928 年的货币流通率计算，这些珍宝的总价值应该在 20 亿法郎左右。

为了完成这笔前所未有的大订单，宝诗龙的艺术家和工匠们不分昼夜地忙碌了几个月，制作出上百款珠宝。其中 40 款帕蒂亚拉王自己享用，还有一些是送给他夫人的，剩下将近 100 款镶嵌着不太贵重的宝石，用于帕蒂亚拉王与同僚们“联络感情”。宝诗龙还创作了一系列震撼人心的印度传统饰物，在胳膊或是踝骨上佩戴。宝诗龙为帕蒂亚拉王设计的臂章，由 100 克拉的祖母绿做成，被切割成梨形的祖母绿向外延展，四周镶嵌着钻石。帕蒂亚拉王的夫人则将注意力都集中在那些用钻石镶嵌的新月形首饰和红宝石星形首饰上，它们充满古典韵味，令人想起帕蒂亚拉古老的起源，据说这个王朝是从月亮上降落到人间的。

光是这一笔生意，就已经让当时的宝诗龙收入颇丰。宝诗龙的美名也传递到地球另一端的印度。1930 年，印度国王委托宝诗龙估量整个波斯王国的财富。宝诗龙的名气越来越大，传播范围也越来越广，而这正是品牌创始人弗莱德里克生前的美好愿望。

老店背后的故事

BOUCHERON

很多外国时尚客到巴黎游玩，首选的去处都是有“时尚圣地”之称的凡登广场，而凡登广场 26 号的宝诗龙总店，更是时尚客们经常光顾的地方。

时光荏苒，如果没有宝诗龙工作人员的提醒，很多人不会知道这里曾经是名噪一时的卡斯第里欧尼伯爵夫人的宅邸。与她的美貌、气质、个性相比，令她更有名的是她在19 岁时成为拿破仑三世的情人。但这段恋情只维持了三年。帝国时代土崩瓦解后，个性张扬的伯爵夫人不得不过起了与世隔绝的生活。她于 1878 年住进凡登广场 26 号，过着“躲进小楼成一统”的生活。15 年后，也就是宝诗龙在凡登广场 26 号一楼开张营业的时候，伯爵夫人的脾气已经变得非常古怪。到了夜晚，日间足不出户的她才会坐上马车，从挂帘后向外张望。宝诗龙和伯爵夫人的关系一直不太融洽，当弗莱德里克打算在楼上设置一个办公室的时候，这种关系就变得更加紧张。这种紧张的关系没有维持太久，第二年伯爵夫人终于搬出了凡登广场 26 号。

卡斯第里欧尼伯爵夫人于 1899 年 11 月去世，她的生命由万人惊羡的绚烂开始，历经失落、无奈、凄凉，终究归于平淡。现在人们只能在已经发黄的照片上，欣赏她那曾令一国之君迷恋不已的倾国之色。伯爵夫人在生前大概没有想到，令她反感的宝诗龙会成为享誉世界的知名珠宝品牌，而她的名字被很多后人熟知，也是因为她曾与宝诗龙一起生活在著名的凡登广场 26 号的渊源。

莱俪并不像传统的法国品牌，它低调，诠释奢华的方式与众不同，这正是莱俪的品牌精神。也许有人起初会认为水晶不如钻石昂贵，不如黄金保值，但当他们认识到莱俪产品背后的工艺和艺术内涵，他们会爱上这个传奇的品牌，因为它会带动人的情感，给予他们梦想。

——莱俪总裁　奥利维耶·毛尼

Lalique 莱俪

莱俪是世界上最古老也是最著名的水晶品牌之一，它代表着一种优雅的生活态度。

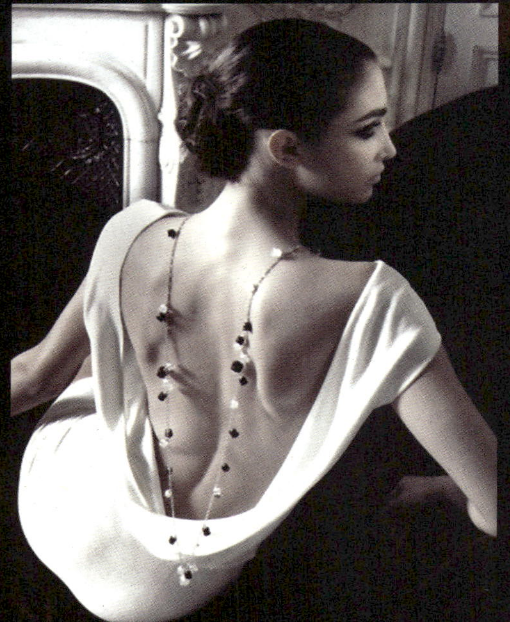

在莱俪的每一家精品店里，都能感受到传统文化与现代时尚的冲击。莱俪所做的不仅仅是对珠宝“装饰性”的追求，更是对高品位的追求。与施华洛世奇式璀璨夺目的水晶产品不同，莱俪的产品多是磨砂水晶，展现梦幻一般的朦胧效果，具有一种优雅、内敛的贵族气度。

品牌创始人勒奈·朱利斯·莱俪被很多学者称为“现代珠宝的创造者”，他如同一位神奇的魔术师，捕捉了一切精美与微妙的细节，用以点缀自己心爱的珠宝，并探寻如何将平凡的材料塑造成灵性四溢的杰作。他的一生都致力于宝石、琉璃与水晶工艺的探索，在这位大师去世 60 多年后的今天，世界各地的人们仍然尊重、怀念着他开拓的艺术风格。如今，由他开创的拥有 120 多年历史的莱俪艺术在新时代仍散发着无穷的魅力。

天才水晶魔术师

LALIQUE

1860 年，勒奈·朱利斯·莱俪出生于法国一个小村庄。两年后，他随家人搬到巴黎近郊居住。12 岁时，勒奈·莱俪进入杜尔哥学院，跟随让·玛丽·勒奎学习绘画与珠宝技艺。18 岁时，莱俪来到了伦敦的斯顿汉学院，在那里他的绘画技巧进一步提高，对于珠宝的认识也越来越深刻。回到巴黎后，莱俪开始充分施展他的艺术才华，设计了很多造型新颖、与众不同的珠宝，并把这些设计图卖给奥科、宝诗龙、卡地亚等顶级珠宝

LALIQUE

商。25 岁时，有了一定积蓄和经验的莱俪开了一个珠宝作坊，并把做好的作品放置在一些声望极高的珠宝店的玻璃橱窗内展览，以吸引时尚人士的注意。1893 年，他参加了由装饰艺术中心组织的金艺比赛。莱俪以一款名为“蓟”的酒杯赢得了第二名。不久，他制作的象牙与牛角梳子更是被巴黎博物馆收藏。

莱俪珠宝兴起的年代是一个奢华风行，内涵和艺术却被人忽视的年代。对于珠宝有着独到见解的天才设计师莱俪重新诠释了现代珠宝的含义。他从自然界汲取灵感，完美地诠释了新艺术风格的精髓。女性特质、动物与花朵造型是莱俪珠宝三个常见的主题。蝴蝶、飞蛾、蜻蜓、黄蜂、甲虫、草蜢、半人半兽的神话角色都在莱俪珠宝中得以完美呈现。莱俪还打破了珠宝制作过程中对用料的限制，将很多以前未被设计师采用过的材料运用到设计中，如珐琅、半宝石、牛角、象牙、琉璃。他将琉璃与黄金、宝石相结合，创作出美丽非凡的作品。

1905 年，莱俪专卖店登陆法国时尚胜地——巴黎凡登广场，几年后还在那里举行了规模隆重的珠宝展。在此之前，莱俪珠宝已在布鲁塞尔万国博览会和巴黎万国博览会上获得了奖项和赞誉。勒奈·莱俪更是被称赞道“在不同的艺术领域内均取得了成功，引发了观赏与讨论的热潮”。

已经成为时代偶像和艺术大师的莱俪，没有心安理得地躺在功劳簿上，而是勇敢地尝试新事物。他开始在琉璃工艺领域进行新的创业。莱俪 49 岁时于法国枫丹白露建立了第一个琉璃作坊，20 世纪二三十年代，他的琉璃作品激发了全世界琉璃制作者的灵感，其设计被竞相复制。与此同时，莱俪在

蜻蜓胸针

勒奈·朱利斯·莱俪对大自然的喜爱之情，在他的创作中表露无遗。花朵、昆虫、飞鸟……自然界的生命总是给予他许多创作灵感。莱俪于 1903 年至 1904 年创作了一枚由金、珐琅、钻石、黄水晶制成的蜻蜓胸针。这枚胸针在巴黎万国博览会展出时大受赞赏，被公认为是莱俪的代表作。蜻蜓胸针也是莱俪唯一被法国博物馆收藏的作品。

珠宝领域也继续高奏凯歌，并把琉璃大量地运用到珠宝作品之中，引发了新一轮的收藏热潮。1935年9月，崭新的莱俪专卖店在巴黎皇家路11号成立。时至今日，它仍是莱俪的全球旗舰店。

1945年5月，在第二次世界大战胜利前夕，勒奈·莱俪在巴黎与世长辞，享年85岁。回首莱俪的一生，会发现除了与生俱来的天分，坚持和努力更是他成功的重要原因。在同一时代的众多知名珠宝品牌创始人中，莱俪不是最成功的商人，却是最纯粹的珠宝艺术家。

莱俪引发的收藏热潮

LALIQUE

1900年的世界博览会为莱俪创造了一生中最辉煌的成就，那一年他获得了法国高级荣誉勋章，其珠宝作品也得到了越来越多人的追捧。从伦敦到圣彼得堡，欧洲所有的宫廷与著名博物馆纷纷向他索求作品，拥有一件莱俪作品成为每个人的梦想。在法国乃至全世界，成百上千的艺术家纷纷开始仿制他的作品。评论家们也称赞莱俪，说他让法国珠宝重新复兴。独具慧眼的收藏家卡洛斯提·古尔班基安当时就曾花重金购买了很多莱俪的作品。今日，在葡萄牙里斯本的卡洛斯提·古尔班基安博物馆里展出的100多件莱俪珠宝作品，就是当年他为后人留下的宝贵遗产。

1960年奥斯卡最佳女配角得主、好莱坞影星雪莉·琼斯非常喜欢收藏莱俪水晶。她说：“我住进第一间属于自己的公寓时，环境不允许我有任何挑剔，但我坚持要拥有最漂亮的玻璃杯，哪怕只是用来喝牛奶。大概15年后，有人送给我一件莱俪水晶的天使雕塑，我瞬间就爱上了它。现在，我已经收藏了75件莱俪水晶，但我从未估算过它们的价值。”

直到今天，莱俪的产品依然是博物馆与收藏家争相抢购的艺术珍品。珍藏莱俪水晶制品是很有格调的追求，特别是在欧美国家，莱俪的限量版水晶制品，经常在制作期间就已被订购一空。

宝格丽身上集合了一种“现代经典”的特质，既有古典的优雅，又有现代的创新元素，这个特征让宝格丽一直以来备受推崇。

——宝格丽总裁　特拉帕尼

Bvlgari 宝格丽

在珠宝界，宝格丽以大胆独特和尊贵古典闻名。它跨越三个世纪的变迁，依然折射出醉人的光芒及瑰丽的色彩，就如同享受醇香的百年葡萄酒，细细品味才能道出其制作的精纯。

宝格丽代表着令人窒息的美丽珠宝，更代表着历史的传承、文化的积淀和家族的信念。因为宝格丽的创始人生长在希腊，创业在意大利，所以宝格丽的珠宝同时体现出浓厚的希腊色彩与意大利古典风格。油画般的色彩、令人沉醉的艺术风格……在它的光芒中，所有的喜爱都是发自内心，所有的痴迷都是心甘情愿。

代代相传的珠宝帝国

BVLGARI

1870 年，希腊银匠索帝理欧·宝格丽和父母因为无法忍受希腊大陆弥漫着的暴力气息，背井离乡，来到了科孚岛。11 年后，也就是 1881 年，索帝理欧·宝格丽来到意大利，并于 1884 年在罗马开设了第一家银器店铺，此后不久店址迁至康多提大街 10 号。直到今日，宝格丽的总部还设在这里。靠家族祖传的手艺，索帝理欧·宝格丽赚取了事业上的第一桶金。

索帝理欧的两个儿子乔治和科斯坦蒂诺把家族生意从银饰扩大到各种珠宝首饰，并将品牌正式命名为“宝格丽”，同时开始在纽约、日内瓦、蒙特卡罗等地开设海外公司。随后宝格丽公司又增加了香水、手表的业务。为了拓宽视野，乔治还展开了环球寻找上等珠宝的旅程，例如到君士坦丁堡寻找古老的银器。20 世纪三四十年代，宝格丽以

精湛的手工艺闻名于世，并逐渐在60年代形成了宝格丽特有的风格——摆脱了对法式珠宝的模仿，逐步营造出意大利的唯美风格。宝格丽用艺术和建筑的理念设计宝石，对称的切割法成为宝格丽独树一帜的风格。1970年，宝格丽在纽约第五大道蒂芙尼珠宝店的对面开设了第一家海外专卖店。这使宝格丽真正跻身于世界一流珠宝商的行列。

无上的家族荣耀

BVLGARI

精明勤奋的宝格丽家族子孙们薪火相传，共同把最初那个罗马街头不起眼的小店经营成世界范围内的奢侈品王国。而发展过程中宝格丽家族的成员始终谨记着家族的传统。1984年，年轻的弗朗西斯科·特拉帕尼出任宝格丽首席执行官。就任之后，特拉帕尼喊出了自己的口号，就是彻底使品牌现代化。而这样的决策在当时遭到了强烈的质疑甚至是反对。很多人认为如此会导致宝格丽这样一个有着悠久传统的老牌子彻底垮掉。最终，同为宝格丽家族成员、在宝格丽集团担任高层官员的保罗和尼古拉两兄弟的鼎力相助让特拉帕尼度过了信任危机。

在随后的十几年的时间里，特拉帕尼大刀阔斧地进行了一系列的改革，把宝格丽的触角伸入到时尚的各个领域，也让宝格丽走出意大利国门，走向世界。在1997年至2003年间，宝格丽家族产业资本增长了150%。一方面，宝格丽注重强调家族企业

特有的血浓于水的亲情和家族自豪感；另一方面，宝格丽也一直维持非纯家族化管理模式，虽然宝格丽集团的家族投资者占有55%的集团股份，但包括特拉帕尼在内的家族高层也十分尊重家族外股东的意见。几乎每个大一点的决策都要和所有股东、专业人士来一起讨论。他们还将独立的经理人引入董事会，以确保家族企业始终向着最好的目标前进。

时刻存在的危机感，也是宝格丽成功的重要因素之一。1988年，宝格丽在伦敦开设了第一家分店。但那时宝格丽在有着杰扎

20世纪90年代，为了保护品牌的历史传承，宝格丽开始进行“古典珍藏”系列的收集。每一件珠宝，都是销售出去以后，再次被宝格丽以各种方式收购回来并加以珍藏。这些绝版的珠宝有着无与伦比的精美工艺，诉说着数十年来宝格丽珠宝设计风格的传情演化。正因如此，它们受到世人很大的关注，许多名流富豪都以拥有一款该系列的珠宝为荣。

BVLGARI

黄金镶嵌五彩宝石项链

这套首饰是无价之宝，属于宝格丽罗马档案馆的顶级藏品。这款项链和耳环制作于 1967 年至 1968 年，由宝格丽为伊朗国王特别制作。黄金项链镶嵌祖母绿、红宝石、蓝宝石和钻石，正面点缀 10 簇大型花束，中央镶嵌鹅蛋形蓝宝石，由明亮切割钻石、鹅蛋形祖母绿和红宝石勾勒轮廓，背面为叶饰图案。

德、格拉夫等著名珠宝品牌的英国知名度不是很大。宝格丽的高层们告诫下属："当一个品牌刚刚在一个地方开拓市场的时候，一定要非常谦虚，顾客需要时间来认识品牌。"很多奢侈品界人士评价说，宝格丽不仅给世界各地的时尚人士带来了意大利的精美珠宝，还带来了意大利人的生活习惯。例如在中午紧紧地关起店门，让顾客享受味道醇正的意大利午餐——醇香的香槟、浓郁的泡沫咖啡和美味的三明治。

女星最爱的珠宝

BVLGARI

自诞生以来，宝格丽就以大胆的设计、独特的风格、浓厚的希腊与意大利古典风韵，吸引了无数的皇室贵族与社会名流。有很多好莱坞的女星也是宝格丽珠宝的忠实顾客，如索菲亚·罗兰、奥黛丽·赫本、伊丽莎白·泰勒、詹妮弗·安妮斯顿、妮可·基德曼、章子怡、张曼玉等。

意大利女星索菲亚·罗兰曾经担任过宝格丽的形象代言人。很多评论家说，只有宝格丽才能配得上索菲亚·罗兰的绝世风采。而索菲亚·罗兰对宝格丽的喜爱也是常人难以想象的，在 1964 年她的宝格丽钻石项链不幸被盗时，这位拥有无数珠宝的意大利美人立即流下了伤心的眼泪。

在 2006 年的奥斯卡颁奖典礼上，有"古典美人"之称的凯拉·奈特利佩戴着来自 20 世纪 60 年代晚期的宝格丽项链、耳环闪亮登场。大洋彼岸，通过电视机观看奥斯卡颁奖典礼的辣妹维多利亚立刻爱上了这套用黄金镶嵌球形祖母绿、红宝石和钻石的首饰。据说这款首饰是宝格丽为伊朗波斯王特别设计和制作的，非常珍贵。对妻子疼爱有加的贝克汉姆在维多利亚 32 岁生日的当天，赠送了这款价值 800 万英镑的项链。

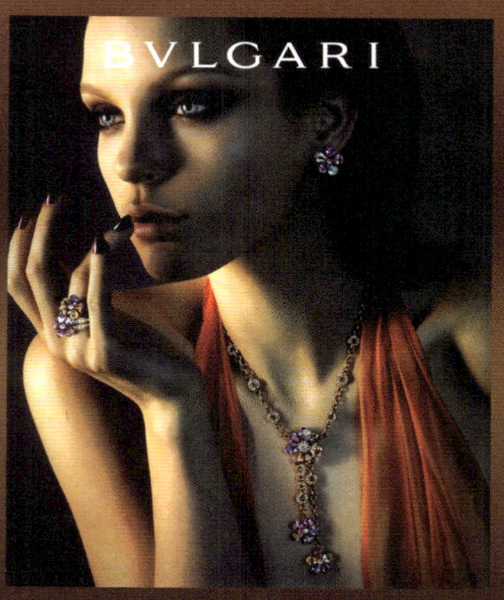

PIAGET
PIAGET

既是珠宝界的巨匠，又是腕表界的旗舰，伯爵在世界奢侈品界的地位有目共睹。从品牌创立之初，伯爵就坚持“制表与首饰设计并重”理念，使珠宝工艺得以完美传承与发展，与其制表技术相映成辉。每个女人都不会拒绝伯爵珠宝的魅力，就像着魔一样沉迷于它绚烂夺目的光芒中。伯爵每年都会在全球范围内隆重推出珠宝新作，让追随者们兴奋不已，而且，伯爵追随者的队伍始终在不断壮大。与很多庄重、典雅、高贵的知名珠宝品牌相比，伯爵珠宝更热情洋溢，也更大胆，它们见证着佩戴者的青春和美艳，更证明了佩戴者的不凡品位。

始终如一的高品质、在技术与设计上的独一无二、无可比拟的丰富经验、同时又继续义无反顾地忠于自己的传统价值观，使伯爵在大胆和创新地面对未来时充满信心。

——伯爵第四代传人　伊芙·伯爵

Piaget 

伯爵

永远做得比要求得更好

PIAGET

“永远做得比要求得更好”是伯爵家族的座右铭，在130多年的发展历程中，伯爵家族的每一位成员始终深信并坚守着这个座右铭，他们以此为信念不断地把伯爵品牌发扬光大，最终成为全球珠宝和腕表两个行业的翘楚。

130多年前，伯爵品牌的创始人乔治·伯

“占有”系列

“占有”系列中戒指的设计非常特别，设计者巧妙地引入“旋转”的概念，使两个密不可分的戒环在永动的状态中巧妙环绕转动，传达出亲密的意味与永恒的爱情，给佩戴者带来无穷的变化。“占有”系列的戒指拥有几种不同的款式，宽窄与镶嵌钻石的数量各不相同，时而简单明快时而生动有趣，搭配不同的服饰，点缀百变的心情。

爵就在瑞士汝拉山区的小村落里建立了伯爵表厂，这里后来被瑞士政府命名为伯爵村，并成为很多游客喜爱的观光景点。乔治·伯爵早年是一位农场主，他和当时许多瑞士农民一样，春夏秋三季都在田里劳作，冬天就蛰居于屋舍从事制表与制作珠宝的工作。1943年，“伯爵”品牌正式注册，由于其产品质优可靠，伯爵很快成为业内首屈一指的制造商。伯爵在制表技术与首饰设计上并驾齐驱，到了1959年，伯爵已拥有“制表与珠宝工艺大师”的称号。

只选最优质的宝石

PIAGET

无论是多么高级、奢华的聚会，无论有多少盛装出席的美女，只要选择佩戴伯爵高级珠宝，就一定会成为全场瞩目的焦点，所以在任何场合，佩戴伯爵珠宝都是最保险、最明智的选择。除了精湛的设计，伯爵珠宝出色的原因还在于他们在原料上严格把关。伯爵的专家坚持只挑选最优质的名贵宝石，而挑选钻石时更必须符合颜色和纯度的最高标准。所有钻石均经过伯爵内部机构的严格检验，无论是重量、颜色、切割还是纯度都必须经过专家们一丝不苟的鉴定。

为了制作最优质的珠宝，伯爵的宝石专家们走遍了世界各地，以寻觅理想的红宝石、祖母绿、蓝宝石和钻石。偏爱伯爵的人大多是因为它精致的宝石镶嵌工艺和细腻的艺术风格，每一件伯爵珠宝都是结合了智力、美学、耐力和技术的艺术品。

伯爵的“派对之王”

PIAGET

伯爵产品中著名的“派对之王”珠宝系列充满了节日、庆典的欢乐气氛。伯爵从赌场的奢华气氛、黑胶唱片的歌舞节奏与金色亮片的闪耀灿烂中撷取设计灵感元素，缔造了一系列热情洋溢的饰品。该系列中的水晶坠饰宛如黑夜中的繁星，4000 颗钻石及彩虹光泽的蛋白石首饰，展现出夺目的风采。在派对中伴随着女性轻盈的舞步，水晶在旋转的灯光下闪烁，创造出光影与透明质感的生动闪耀。

该系列中赌场幸运指环的设计理念来自于澳门赌场，珠宝师把红宝石镶成的红心，与祖母绿镶成的梅花层层相叠，转开来就像翻开一叠好牌，巧妙精致。

35 克拉的深邃蓝宝石项链以典雅及迷人的特质，衬托出优雅女性的无限魅力。钻石镶饰的黑色尖晶石指环，将佩戴者的优雅气质淋漓尽致地展现出来。该系列着重强调黑色调宝石与钻石的对比反差，设计风格明亮简洁，专为热爱夜晚，热衷于派对狂欢的女性量身打造。

CHANEL

珠宝必须以纯洁天真的眼光来欣赏，如同在快速驶过路边时，赞叹开满花的苹果树一般。

——品牌创始人　嘉柏丽尔·香奈儿

Chanel 香奈儿

嘉柏丽尔·香奈儿颠覆了20世纪时尚的定义，她宣告："时尚，就是我。"这个意志坚强、有着超凡创造力和生命力的女人一生孤独，然而她从未停止对爱和时尚的追求，她的斗志一如她的孤独，恒久而强大。香奈儿，用她的一生书写了传奇一样的历史。很多人都尊称她为时尚界中最大的明星。对于许多女性而言，香奈儿往往会是她们头脑中直接与时尚和奢侈划等号的品牌，而香奈儿的珠宝也是很多人"进军"时尚圈时为自己买的第一件奢侈品。香奈儿的魅力就是这么大，谁叫连万人迷梦露都是它的热爱者呢！

麻雀变凤凰的传奇

CHANEL

嘉柏丽尔·香奈儿的出身并不高贵，甚至有些卑微。她的父亲是兜售杂货的小贩，母亲是个家庭主妇。1883年香奈儿出生时，父母尚未正式结婚，她对自己是个私生女这件事始终耿耿于怀。香奈儿童年时母亲就去世了，父亲抛下了五个儿女不知去向，之后她在修道院的收容所里度过了暗淡的少女岁月。这残酷的事实使香奈儿在以后的日子里，总要极力地掩饰那段悲惨的童年。长大后，香奈儿尝试过各种不同的工作，甚至有过一小段歌唱生涯，她的昵称"可可"也是由一首歌的名字演变而来的。后来，香奈儿将时装店和自己的名字都改为可可·香奈儿，而原来的名字"嘉柏丽尔"倒很少有人知道了。

山茶花系列

香奈儿以这幸运花朵为灵感设计出的山茶花高级珠宝系列，有点怀旧又有点新潮，有点娇羞又个性坚强，是香奈儿珠宝中的经典力作，也是最畅销的款式之一。将黑玛瑙饰以钻石镶边，或者用黄金和钻石搭配白色蛋白石，纯净艳丽，一个美丽的奇迹在香奈儿的智慧中放射出永恒的光芒。

不过无论身在何处，周围有着怎样蔑视和不屑的目光，香奈儿始终保持着乐观的精神。翻阅香奈儿多年来的照片就可以看到，她的唇角永远是上扬的。那是一种乐观的表情，一种对生活从未失望的信心——她永远相信生命，相信创造。

年轻美丽、多才多艺的香奈儿身边一直都不缺少追求者。很多富家子弟的追求与帮

珍珠系列

在香奈儿全新的珍珠系列推出之际，品牌代言人安娜·莫格拉莉丝在摄影大师的掌镜下，重回香奈儿女士的故居，拍下一系列充满复古韵味的照片，巧妙地展现了香奈儿女士与珍珠之间的亲密关系。该系列将珍珠与山茶花、彗星等香奈儿的“幸运物”完美融合，在自由的创意中挥洒出柔美的光泽。散发着迷人光芒的珍珠，精致地悬嵌于钻石镶排的“藤蔓”之上，两者相映成趣，营造出“日与月”般灿烂的视觉效果，颇具20世纪30年代的风格。

助，让她慢慢进入上流社会的交际圈，有机会结识到很多艺术界名人。在25岁那年，她遇到了生命中的第一位情人——实业家巴桑，因着这位贵族的后裔，香奈儿有机会正式进入上流社会。有一次，香奈儿在法国比利牛斯山的波城参加围猎时，认识了生命中最重要的一个人，他就是亚瑟·卡伯。1912年，在亚瑟·卡伯的资助下，香奈儿在巴黎开了一间女帽店。在香奈儿的事业刚起步时，她至爱的亚瑟·卡伯送给她一条珍珠项链，然而，这段恋情却因为男主角丧生于车祸而划上了休止符。这条珍珠项链作为遗物开启了香奈儿珠宝创作之路。1920年，香奈儿与俄罗斯大公爵狄米崔同游威尼斯，在参观马可的珠宝珍藏时，香奈儿发现了钴蓝、大红和翠绿之美，便决心将这种宫廷风格融入自己的珠宝创作中。

永远走在时代前端

CHANEL

无论设计时装还是香水，香奈儿从来都不是墨守成规的人，在珠宝上也是如此。当时，人们对珍贵的钻石存有偏爱，香奈儿对此嗤之以鼻：“人为什么要为钻石发昏呢？干脆在脖子上绑一张同值的支票不是更好！”香奈儿大玩创意游戏：大克拉的钻石搭配搪瓷出场，祖母绿与玻璃珠子一起加工为胸针。宝石的新组合让著名漫画家桑姆兴奋不已，他对香奈儿说：“终于有人有勇气制作人造珠宝了。”

1932年万圣节那天，巴黎所有有名望的人都收到了香奈儿的邀请函，他们从各个角落聚集到了圣·奥诺雷街29号——香奈儿的

私人豪华寓所内。高大的落地窗、黑漆中国式木屏风、巴洛克风格的镜子以及华丽的复古水晶吊灯……然而所有堂皇的陈列都不过是谦恭的陪衬，当天的主角是来自遥远天际的“彗星”、“太阳”、“夜空”，它们在香奈儿的手中化作令人赞叹的绝美珠宝，并成为高级珠宝的先驱。

在这场由香奈儿独创的珠宝展览中，所有作品都通过半透明的蜡质“美人”来展示，它们被塑造成典型的20世纪30年代风格，静静地伫立于黑色大理石多利式圆柱上，而那些光华灵动的钻石珠宝，却让所有的蜡质美人们在一瞬间“活”了起来。

“我希望女人能将珠宝像缎带一样佩戴在身体上，我的缎带灵活而且可拆分。在重大场合中，女人可以戴上全套首饰。在休闲的场合，那些大件首饰则可以拆分后佩戴。首饰拆分后可用来装饰帽子或皮草。这意味着全套首饰不再是不可分割的，它可以随生活的内容而变，并且适应生活的不同需求。”直到60多年以后，人们才真正领悟到香奈儿的独到见解以及她为高级珠宝革新所做出的努力。

1932年的第一次珠宝展览因为第二次世界大战的战火而成为绝响，直到1993年香奈儿珠宝店在巴黎凡登广场7号重新开业，沉寂60年的香奈儿顶级珠宝艺术才得以重获新生。

香奈儿女士1971年去世，她不舍地离开了一手开创的时尚王国。天堂上的她应该感到欣慰，因为直到今天，香奈儿仍然是每一位女性挥之不去、痴迷不悔的梦萦。

山茶花和珍珠

CHANEL

双 C、白与黑设计和菱形图案是香奈儿时装的经典标志。在珠宝方面，香奈儿的经典标志是山茶花和珍珠。

对于全世界而言，山茶花已经成为香奈儿王国的“国花”。不论是春夏或是秋冬，它除了被设计成各种质材的山茶花饰品之外，还经常被运用在服装的布料图案上。“你有 100 种方法去戴一朵花！”1927 年《女性杂志》如此宣告，而香奈儿女士就尝试过所有佩戴山茶花的方式。对于香奈儿而言，山茶花具有高度的象征意义，散发着温婉的女性美，代表着纯洁与光明。香奈儿对于珍珠也有着特殊的情结，即使穿运动装，她也要配以珍珠首饰。香奈儿甚至说：“没有珍珠的女人，不能称之为女人。”关于珍珠，香奈儿有数不尽的奇思妙想，人们看到她将珍珠串变成腰链配戴，或是将珍珠项链垂挂在晚礼服的背部，这种黑色小礼服搭配白色珍珠饰品的装扮成为香奈儿风格的化身，也变成时尚圣经里永恒不变的经典。

嘉柏丽尔·香奈儿曾说：“如果我选择了钻石，那是因为它代表了所有形式中最高的价值。我集中对所有美好事物的热爱，力图把精致品质、优雅和时尚融于一体。”

达米阿尼长久以来是传统“意大利制造”的最佳代言人，享誉全球。产品的风格传统典雅，讲求设计形态、宝石品质及精密工艺之间的完美配合。相信达米阿尼必定会让有高尚品位的人惊喜连连。

——达米阿尼总裁　圭多·格来西·达米阿尼

Damiani 达米阿尼

达米阿尼珠宝历经岁月洗礼而光芒永存，永不褪色的是卓越的品质、典雅的设计和高贵的风格。想要知道达米阿尼在国际珠宝界有着怎样举足轻重的地位和影响，去参观一下它总部的陈列室便一目了然。那里摆放着达米阿尼 18 次获得国际钻石奖的奖杯，国际钻石奖被誉为“珠宝界的奥斯卡大奖”，它是一个珠宝品牌所能得到的最高荣誉，是对达米阿尼珠宝卓越设计和精湛工艺的最高认同。

达米阿尼这样的珍宝，看一眼都是缘分；这样的缘分，想一下都是美好；这样的美好，忽远忽近却又不可替代。达米阿尼，不忍放手的美丽，悄然而至的幸福。

华美风格造就荣誉

DAMIANI

1924 年，达米阿尼的创始人恩里克·格来西·达米阿尼在意大利的瓦伦萨成立了一间小型的工作室，开始设计和制作珠宝，独特的华美风格让达米阿尼在意大利迅速走

红。不久，恩里克受到了许多贵族家庭的邀请，为他们担任私人珠宝设计师。品牌第二代传人达米阿多·格来西·达米阿尼继承了家族事业后，除了沿袭父亲为品牌定下的传统风格，还与时俱进地添加了很多流行甚至是领先于时尚潮流的设计元素。他创造出独特的半月型镶嵌法和密钉镶嵌法，使钻石更加熠熠生辉。直到现在，密钉镶嵌法仍然频繁出现在达米阿尼的设计之中。这种独门手法已经成为品牌的标识性特色，许多人正是因为这道工艺而越发喜欢达米阿尼。

从1976年开始，达米阿尼获得了国际钻石大奖18次的肯定，这些荣誉让达米阿尼真正地跻身于世界一线珠宝品牌行列。同时，在营销方面，达米阿尼也收获了巨大的成功，由意大利本土的知名品牌成长为世界

承诺系列

承诺系列是由达米阿尼和好莱坞巨星布拉德·皮特联合设计的，是达米阿尼品牌的经典之作。该系列中的吊坠由一颗圆形钻石为主钻，配以一圈碎钻镶嵌而成。其设计灵感来自于无垠宇宙中行星的运动轨迹。钻石形成于33亿年前，是上天创造的神物，是永恒的象征。而宇宙相对于人类而言也是永恒的，所以钻石与宇宙间存在着一种微妙而紧密的联系，承诺系列将两者结合在一起，无疑是最佳的定情信物。

关注的焦点。达米阿尼的珠宝永远散发着浓郁的意大利风情。达米阿尼挑选最优质的宝石，不放过每个细节，精湛的手工艺和永不枯竭的热情使每件珠宝仿若拥有强盛的生命力和不灭的灵魂。就连其珠宝的名字也蕴含着无穷的新意，如昼夜、蓝月亮、双胞胎、百慕大、火山、血腥玛丽、灯火香港、撒哈拉、焰火以及伊甸园等等。达米阿尼可以生动如画、深刻如诗、轻盈如风、斑斓如梦。它们坚信沉默是金，种种答案，全凭你一双慧眼。

来自好莱坞的设计师

DAMIANI

说起达米阿尼，就不能不说与它有着颇深渊源的布拉德·皮特。2000年，布拉德·皮

特宣布与詹妮弗·安妮斯顿结婚时，这位好莱坞一代性感偶像动起了与达米阿尼合作设计珠宝的念头。他与达米阿尼一同设计了一对婚戒。为了让自己的婚戒成为世界上独一无二的信物，布拉德·皮特与达米阿尼商定不可将戒指复制对外发售。但是，达米阿尼在第二年以“结合”为名，将该款戒指推向市场。这件事差点引起布拉德·皮特的诉讼。不过最后双方和平化解了矛盾，达米阿尼允诺在每对复制的婚戒上刻上布拉德·皮特夫妇的名字，并以布拉德·皮特名字最后一个字母 D 将作品改名为 D.side 系列。意大利王子伊曼纽尔·菲利伯托就选中了皮特设计的 D.side 手工戒指，作为迎娶法国女星克劳蒂尔德·科罗的结婚信物。布拉德·皮特的灵感在这个系列中不断延续，他在后来又参与设计了承诺系列。

偷天换日的珠宝大盗

DAMIANI

价值不菲的达米阿尼珠宝不仅是社会名流的最爱，甚至还吸引了国际大盗的目光！2008 年 2 月，4 名胆大包天的大盗通过一个秘密地道潜入米兰达米阿尼总店的珠宝陈列室，在未使用任何武器的情况下，就将价值4000万美元的名贵珠宝洗劫一空。不过，当时最贵重的镇店之宝“撒哈拉”白金手镯正好借给了奥斯卡最佳女配角奖得主英国影星蒂尔达·斯温顿，因而躲过一劫。

达米阿尼独门的密钉镶嵌法在含羞草系列中完美展现，这一系列的设计灵感源自春夏盛开的黄色花海，因此运用密钉镶嵌法打造出项链的层次感，缀上珍珠，优雅迷人；而火焰造型的火地岛系列，也以相同工法制作，巧妙聚集钻石的火光，显得更加璀璨夺目。

达米阿尼的珠宝陈列室中收藏的全都是价值连城的珠宝首饰，平时只对那些身价千万的富豪顾客开放。那天，4名窃贼身穿假警服，利用地道潜入珠宝店下方，从而避开了警报装置和录像监视系统，巧妙地进入珠宝店一楼的珠宝陈列室。由于珠宝陈列室平时很少允许外人进入，因此当店内的清洁工和管理人员看到4名“警官”突然出现，全都感到十分惊讶。几名冒牌警官迅速将他们制服，并将他们锁进了洗手间。窃贼们强迫经理打开了陈列室的保险库，随后便展开了疯狂洗劫。之后，窃贼们将珠宝装进一个大口袋中，从来时的地道离开了珠宝店。

谁也没有想到，《偷天换日》中的情节真的发生在达米阿尼身上。不幸中的万幸是，达米阿尼一些最有价值的珠宝逃过一劫，因为它们都被总裁圭多·达米阿尼带到了洛杉矶，借给了参加奥斯卡颁奖典礼的明星们。发生这次不幸后，痛心的不仅仅是达米阿尼，喜爱达米阿尼的明星、富豪们更是惋惜不已，因为他们恐怕再也看不到那些美轮美奂的珠宝了。

如果钻石可以讲话的话，它们的故事一定是令人惊异的。它们是那么娇小却又那么的价值连城，我必须实话实说，无论你为一颗钻石支付了多少都不足为贵。

——品牌创始人 劳伦斯·格拉夫

Graff 格拉夫

伦敦的新邦德街是世界上奢华气息最浓重的街道之一，在这里，举目所见尽是世界著名奢侈品牌的旗舰店。街道上优雅的英国绅士和淑女竞相争艳，而格拉夫珠宝店则像个高高在上的君主，微笑地迎接着人们朝圣的目光。

拥有50多年历史的英国高级珠宝品牌格拉夫，虽然资历不及那些拥有百年根基的老字号，但它的珠宝作品绝对可以和任何一个珠宝商媲美。在纽约一个奢侈品调查机构发布的“世界10大珠宝品牌”排名中，格拉夫位列第四，排在卡地亚、蒂芙尼等世界知名珠宝品牌的前面。格拉夫的珠宝大部分切割自罕有及昂贵的天然原石，这与很多大品牌截然不同，所以它拥有更多美丽又珍贵的宝石。格拉夫珠宝散发着一种轻灵的美，让你只可屏息凝视，生怕一个呼吸就会吓走了这个光彩夺目的精灵。

最聪明的珠宝商

GRAFF

就像卡地亚之于法国，宝格丽之于意大利，蒂芙尼之于美国，格拉夫是英国当之无愧的国宝级珠宝品牌。

英国佳士得拍卖行的居里尔曾说：“梵克雅宝、海瑞温斯顿，这些品牌的创始人都已经随着历史远去了。除了在格拉夫，你还能在哪里找到那个品牌背后的缔造者呢？”就连珠宝界的同行都说，格拉夫是个了不起

的人物。1938年，劳伦斯·格拉夫出生在伦敦，他的母亲是个犹太裔罗马尼亚移民，父亲是个前苏联人，他们一家人的生活很是贫困。14岁时，格拉夫不得不出去自谋生路。他做过清洁工、珠宝店的学徒，到了18岁，格拉夫决定自立门户。一开始，格拉夫的生意并不好，于是他决定到新加坡碰碰运气。在新加坡，格拉夫结识了他生命中最重要的人——文莱王子。文莱王子将格拉夫带入了亚洲的贵族和富豪圈，这些人对格拉夫从伦敦带来的宝石非常感兴趣，他们出手非常阔绰，格拉夫很快就赚到了一大笔钱。1973年，英国女皇为格拉夫颁发了行业荣誉奖章。1974年格拉夫在伦敦最繁华的新邦德街开设了一家更大的珠宝店，即今天的格拉夫品牌总店。

现在，格拉夫拥有15家珠宝店，从蒙特卡洛到迪拜，从日本到莫斯科，都有这个顶级珠宝品牌的踪迹。与蒂芙尼和梵克雅宝等珠宝商不同的是，别的零售商买卖的都是钻石成品，而格拉夫则拥有一个庞大的钻石批发采购组织。格拉夫在1998年买下了约翰内斯堡的钻石批发商兼制造商——南非钻石公司51%的股份，由此取得该公司的控股权，从而掌控了从出矿毛钻批发到成品钻石零售之间的一切环节。格拉夫出售重量最大、品质最好的钻石，并宣称自己的交易均价高达40万美元，这个数字将一些传统的珠宝商远远地甩在了后面。

彩钻之王

GRAFF

曾经有一段时间，黄色和蓝色钻石曾被人认为是品质不纯的钻石。然而如今，钻石却在按照其稀缺程度——红、橙、绿、蓝、粉、黄引领着收藏市场。这些彩钻被认为是“世界上最为浓缩的财富”。在20世纪80年代初，一颗非常精美的粉色钻石最多值1000美元，现在，这样一颗钻石最少值20万美元。现在世界上最大、最精美的彩色钻石的聚集地是伦敦，不管是巴黎的凡登广场，还是纽约的第五大道，都无法与之媲美。

格拉夫拥有全世界60%以上的黄色钻石。格拉夫尤其喜欢用黄色钻石搭配粉红钻石，再以登峰造极的镶嵌工艺造就格拉夫与众不同的特色。劳伦斯·格拉夫曾转卖过几颗非常珍贵的黄色钻石，如重101.28克拉的“金星”、90.14克拉的“沙皇皇后”、65.57克拉的“金玛阿哈加”和107.46克拉的黄色“罗耶特曼钻石”。这些经过格拉夫之手的钻石以更高的价格卖出，真正让这些钻石得以高价卖出的，是装扮钻石的方法，格拉夫是最聪明的珠宝商。每年，格拉夫珠宝行都会推出很多震撼人心的力作。例如那条镶嵌着

Styling 项链

镶有多色宝石和钻石的格拉夫Styling项链是香港旗舰店中最受关注的精品。这款售价520万港币的项链，包括17.95克拉的钻石、7.64克拉的粉红宝石、73.11克拉的多色宝石。其中多色钻石中有蓝、粉、黄、紫等色彩，在灯光下呈现出难以言喻的迷幻光彩。无论与何种时装搭配，这款项链都可以让佩戴者立即成为全场关注的焦点。

多种颜色彩钻的项链，令观者无不陶醉，从心底升腾起据为己有的强烈愿望。这颗彩钻混有最稀薄微妙的粉色、蓝色、白兰地及黄色色调，价值4000万美元。而且，这颗钻石正好会顺着衣领垂挂到女性最迷人的乳沟处。鉴赏家们认为制作这条项链需要一套色泽和清晰度都精确匹配的宝石——格拉夫为此花费了许多年的时间。

顾客的秘密

GRAFF

在伦敦最时尚的新邦德街，一位女郎和他的丈夫走进格拉夫的一家珠宝店，当天过生日的女郎看中了一款钻石红宝石项链。不过，那条项链标价200万美元，她的丈夫却

只肯出一半的钱。于是，他开了张100万美元的支票，然后让珠宝商在24小时内兑现这张支票。当天晚些时候，同样是这位女郎，带着另一个男人——她的情人，回到了这家珠宝店。这位情人也觉得项链不错，但是价格太高了些。结果，又一张100万美元的支票放在了格拉夫的柜台上。格拉夫的店员对女郎的前一次拜访只字不提。故事的结局皆大欢喜，女郎再度回到这家珠宝店，满心欢喜地带走了那条项链。她也许会告诉那两位慷慨的送礼者，珠宝商同意打折出售了。对于格拉夫来说，为顾客保守秘密，永远是第一准则。

美，是不需要用大量的钻石来体现的。珠宝不是徒有其表的装饰品，更不是放在金库里面的东西，它应该是每天都佩戴的、能够体现出佩戴者个性的东西。

——汀梵创始人　让·汀梵

Dinh Van 汀梵

提起世界一流的顶级珠宝品牌，人们的第一反应就是奢华，而与奢华相对应的就是复杂甚至繁琐的设计。面对繁复华丽的传统珠宝，汀梵清新流畅的珠宝设计风格，就像一名新珠宝教派的圣徒，带着我们穿越红海，到达那新珠宝美学概念的圣地。

为挑战传统而生

dinh van

汀梵的创始人让·汀梵出生于巴黎，母亲是法国人，父亲是越南人。他曾在卡地亚担任了十年珠宝设计师。

1965年，让·汀梵创立了“汀梵”品牌，他赋予珠宝一种现代感，跳脱了“珍贵”的桎梏。1967年，让·汀梵为皮尔·卡丹创作了堪称经典的“双珠”戒指，这款戒指迅速风靡全球，也为他赢得了殊荣——获选为法国四大顶尖珠宝设计师之一。1976年，让·汀梵在巴黎和平大街7号开设了汀梵珠宝店。2000年，繁绳手链系列诞生，这种风格简约、寓意深刻的新式饰品在珠宝界造成了革命性的影响。

3年后，巴黎装饰艺术博物馆为了表彰让·汀梵在珠宝界的突出成就，集中展出了他的代表作品。这次展览也在珠宝界引起了巨大的轰动，很多外国设计师都不远万里赶到巴黎参观，人们评论说“汀梵掀起了一场前所未有的珠宝革命”。

让·汀梵创造的是与徒有其表的珠宝装饰品截然相反的、真实的、本质性的作品。另外，让·汀梵推翻了珠宝是女性饰物的固有观念，在世界上首次推出了男性珠宝，这个举动让汀梵声名大振。不分性别、不分年龄是让·汀梵创作的根本出发点。看看那些被称作“万人迷”的明星吧！强尼·戴普夫妇、苏菲·玛索、凯拉·奈特莉、凯瑟琳·丽塔琼斯、奥黛莉·朵杜，他们可全都是汀梵

的忠实顾客，想知道汀梵最近推出了什么新品，只需留意他们的手腕、颈间……

刀片手链的传说

dinh van

让·汀梵的设计创意大多来自于生活，在他的作品中，我们可以看到许多简单的几何形状，如圆形和方形。其作品展现了手工铸造质感，蕴含了“圆满”与“空虚”等诗意的元素，让珠宝创作跳脱一般“浮夸不实用”的刻版印象。

在很久以前，欧洲的贵族中曾经流行过一种名为“许愿绳”的饰品，它是在一根绳子间穿上刀片或者其他饰品，然后用特殊的方法打成绳结，戴在手腕上。在佩戴之前，佩戴者可以许一个愿望。欧洲人相信，当“许愿绳”自动脱落时，愿望就会实现。汀梵由这个传说获得灵感，将具现代感的白金、黄金、纯银与繁绳结合在一起，创作了繁绳系列手链，也可以说是世界上最贵的“许愿绳”。这种手链看似平常，实则价值高达上千欧元，虽然不及宝石名贵，但对于一根“绳子”和一只“刀片”而言，这个价格已然是天价。

Dior

对于女性来说，珠宝犹如她们身体的一部分，每件佩戴在女性身上的首饰，都要恰如其分地反映出她那独特的个性。

——迪奥首席设计师　卡斯特兰

Dior
迪奥

珠宝、皮具、高级成衣、香水、针织品、化妆品……在时尚王国里，迪奥这个品牌意味着包罗万象、无所不能。只有你想不到，没有迪奥做不到。Dior这个名字中的4个字母，在法语里是“上帝”与“金子”的组合，寓意该品牌既有上帝一样伟大的创造力，又像金子一样历久弥新，永远散发着璀璨的光芒。从诞生至今，迪奥从未落后于时尚潮流，因为它本身就是潮流的领导者。

自始至终，迪奥珠宝一直表达着精致的心思，奢华而不繁琐，温柔中带着典雅的气质。它们可以点缀一生的爱恋、纯粹的想念，也适合孑然而美丽的自我。迪奥先生为品牌定下的浪漫又华贵的基调，再加上首席珠宝设计师卡斯特兰以女性视角赋予品牌的独特魅力，让迪奥珠宝迅速成为与卡地亚、蒂芙尼等传统珠宝齐名的世界一线品牌。

用一生去发现全世界的美丽

Dior

2005年，享誉世界的迪奥迎来了品牌诞辰100周年庆典。在庆祝活动中，迪奥品牌设计师约翰·加里亚诺饱含深情的一段话代表了所有迪奥人对于品牌创始人克里斯汀·迪奥的无限怀念和景仰：“迪奥先生用热忱与才华播下了种子，浇灌出美丽的花园，而我有幸能在这里劳作，采撷每季最艳丽的花朵奉献给大家。无论是对于迪奥公司还是我本人而言，迪奥先生的精神从未远离过我们，他对于自然和美好事物的热爱一直指引着迪奥事业的方向。”

1905年，克里斯汀·迪奥出生于法国美丽的海滨城市格兰德维尔。小时候，迪奥有着幸福的童年和丰裕的生活，他的爸爸是成功的商人，母亲是优雅而智慧的女性，她在教育迪奥时，充分引导他对大自然产生兴

站起来，挑起家庭的重担。他学会了画时装画，以此来贴补家用，并在这个过程中接触到时尚界的头头脑脑。1946 年，41 岁的迪奥终于拥有了自己的时装店，随后他以“花冠”等高级时装系列让品牌迅速成为全法国乃至整个欧洲时尚人士关注的焦点。

1952 年，迪奥授权米歇尔·玛尔为其制作珠宝。迪奥最特殊的一些作品，都是玛尔在 20 世纪 50 年代初期设计制作的，包括那只稀有的“坠子式音乐小盒”。它以压花镀

趣，并在美术方面给予他很多的启发，小迪奥用自己的眼睛观察着世界，花花草草、行人马车、建筑物都成了他画纸上的主角。后来，迪奥随父母来到巴黎，一边在政治学院深造，一边继续钻研艺术。26 岁那年，迪奥家庭出现了很多意想不到的变故。父亲生意破产，很快变得一无所有，母亲因病去世，离开了她无限眷恋的世界和家人。迪奥没有被困难打倒，而是像真正的男人一样勇敢地

玉鱼戒指

价值 130 多万元人民币的玉鱼戒指是迪奥的得意之作。这款戒指形态别致，戒托部分由钻石和其他宝石做成多个神奇的漩涡，一条玉鱼在珍贵的宝石中随着海浪起伏游动，带来一种富有诗意的美感。该戒指的创意源于迪奥传统的“高级定制”精神，最特别的是，由碧玺制成的鱼钩是可以动的。

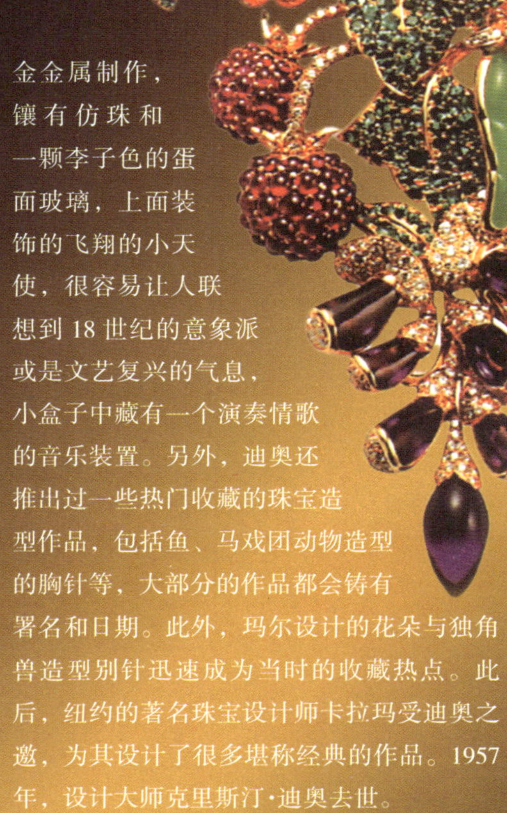

金金属制作，镶有仿珠和一颗李子色的蛋面玻璃，上面装饰的飞翔的小天使，很容易让人联想到18世纪的意象派或是文艺复兴的气息，小盒子中藏有一个演奏情歌的音乐装置。另外，迪奥还推出过一些热门收藏的珠宝造型作品，包括鱼、马戏团动物造型的胸针等，大部分的作品都会铸有署名和日期。此外，玛尔设计的花朵与独角兽造型别针迅速成为当时的收藏热点。此后，纽约的著名珠宝设计师卡拉玛受迪奥之邀，为其设计了很多堪称经典的作品。1957年，设计大师克里斯汀·迪奥去世。

迪奥宝座上的珠宝皇后

Dior

1998年，曾在香奈儿担任设计师14年之久的维克多·卡斯特兰被任命为迪奥高级珠宝的首席设计师。而迪奥珠宝的崭新篇章也从这一刻开始。如果说克里斯汀·迪奥是创业的大师，开创了迪奥这个享誉世界的品牌，那么维克多·卡斯特兰就是守业的大师，她让迪奥真正登上了珠宝世界的巅峰。

在卡斯特兰20多年的艺术设计生涯中，她以丰富而独特的想象力，设计出林林总总、色彩丰富的高级珠宝系列，呈现出美丽又新奇的创意。如今卡斯特兰天马行空的珠宝作品在业界独树一帜，因为像个孩童的她，作品里充满了童趣和幻想，打破了珠宝原本那种高不可攀的框框，反而更受欢迎，她说：“创造是从自己本身的欲求开始的。什么是我还没拥有的？什么是我今天想要的？在我一边想这些的同时，脑海里就已浮现珠宝成品的样子了。”一直到现在卡斯特兰还会幻想自己是戴着珠宝的公主，因此她的作品总洋溢着奇异魔幻的童话色彩，她的灵感来源有很多，自然、孩子们的世界、好莱坞电影、在街上看到的女性或者神话传奇等等，都可以成为她的创作素材。

无处不在的奇思妙想

Dior

在维克多·卡斯特兰的一举一动中，说不定会诞生怎样的珠宝奇迹，迪奥 Oui 系列的故事就源于卡斯特兰随意写在记事本上的三个字母“Oui”。在法语里，Oui 是“Yes”的意思，也就是浓缩了婚礼上轻轻的一句“是的，我愿意”。在迪奥的世界里，这个用得太多而被忽视的词却神奇变身为一枚高贵的指环。

为了让拥有波浪纹戒身的戒指能与手指完美相扣，卡斯特兰特意发明了一种特殊的模子。这种模子有各种尺寸，最内层是橡胶，中间层是蜡，外层浇上融化的贵重金属。为了确保品质，Oui 指环的制造标准近乎苛刻，从浇铸、焊接到打磨，每一道工艺都在巴黎的工作室中由经验丰富的工匠手工完成，独门的手艺与完美的细节确保了纯正的“法国制造”血统。随后，成型的戒指经过抛光和压印，被刻上 Dior 标志。最后的步骤是手工将钻石嵌入字母 i 上的一点，每颗钻石的直径都是 1 毫米。再一次全面抛光之后，Oui 戒指才能被放入精致的小礼盒内，成为婚礼上与新娘一起闪光的主角。

“城堡之宝”项链

独一无二的高级珠宝项链“城堡之宝（TRESOR DU CHATEAU HANTE）”由 21 枚不同色调的蓝宝石组成，共重 185.11 克拉。这些蓝宝石不仅相当稀有，而且每一颗都经过了严格的认证。项链上的心形粉红刚玉是神话中吸血鬼与年轻公主永恒爱情的象征。这块心形宝石可以根据顾客的喜好，在迪奥珠宝工场拆卸并更换成其他的符号。这条项链的价格高达 1116 万人民币。

迪奥珠宝的灵感无处不在，举世瞩目的迪奥 Diorette 高级珠宝系列灵感源自花园，首饰上的小瓢虫、蝴蝶与花朵被黄水晶、蓝宝石、摩根石与紫水晶环绕包围，戒指与耳环均以手工上漆，用了 89 种颜色，花瓣的颜色亮丽逼真，层次分明。该系列充满奇思与幻想，好像童话里美丽的仙境，让真实的世界都绚丽热闹起来。

Dior
JOAILLERIE

GOLAY

高利珍珠不仅只是一项产品，更是一种震撼人心的力量，它代表着人类对大自然的尊重，人类永远为这来自大海、充满感性且优美的神奇结晶——珍珠感到荣耀。

——高利香港区总裁　汉斯皮特·皮斯

Golay

高利

它的出生经过痛苦的孕育，经过不断的包容、裹覆，终于成就一身的圆润丰滑。它来自海上，深藏在大海的珠宝盒里，等待某年、某月、某日它的光芒被发现。这是源自珍珠的光芒，这是源自高利的光芒。享有“欧洲第一珍珠品牌”之称的高利，不仅是首家将养殖珍珠引入欧洲的品牌，更是全球最大的珍珠珠宝商。高利以其独有的典雅高贵和变幻莫测的神秘感让人深深着迷，它含蓄、内敛的气质无疑是女士们无法抗拒的深度诱惑。佩戴高利珍珠首饰有如化身为显赫的女王，万千宠爱于一身。优雅高贵的气质与瑰丽珍珠所发出的光芒如出一辙，令佩戴者在举手投足间倍添华彩，展示出非凡的气派。

Louis Golay 系列

Louis Golay 系列把珍珠的高贵、感性和女性化气质升华到一个全新的高度，这个系列是由珍珠面具的设计师卡瑞姆·拉世德设计的。这是一个充满了动感、力量、纯粹和流线之美的珍珠系列，是巴洛克极端繁复和极端简约主义的完美结合。整个设计运用9至14毫米的大珍珠，镶嵌在白金或者黄金中间，尤其是外表、弧度的设计和珍珠别出心裁的镶嵌工艺，绝对是珠宝设计界最清新的一股空气。

一颗珍珠一个世界

GOLAY

从神话到传说，珍珠一直被认为是诸神送给大地的礼物，地位神圣。事实上，除了以上天恩赐作解释外，实在无法明了一只平凡的蚌竟可孕育出如此完美的宝物。在古印度，人们相信珍珠是诸神用晨曦的露水幻化而成的。在波斯的神话故事中，珍珠是由诸神的眼泪变成的，它象征着光明与希望。而罗马人则认为，当爱神维纳斯从满溢泡沫的蚌壳中沐浴完毕走出来时，她身上滴下来的水珠凝结成一颗颗莹白的珍珠。珍珠历来都被人类推崇为珍贵的宝石，甚至比钻石更有价值。它象征着权力、幸运及快乐，一直深受皇室贵族女性的青睐。

4000年前，人类就在波斯湾等地发现了天然珍珠，然而大规模开发应用珍珠只有几

百年的历史。大约在公元前200年，古埃及贵族开始使用珍珠做首饰，而欧洲人则在公元300年才懂得使用珍珠。由于珍珠是权力象征，高贵、财富的标志，古代的许多统治者为满足自己的私欲，纷纷发起掠夺珍珠的战争。1530年至1612年，欧洲许多国家纷纷立法规定人们按地位、等级来使用珍珠。欧洲的“珍珠时代”正是从这个时期开始的。皇爵、贵妇等上流社会人士无不用珍珠作为装饰品以彰显自己的身份。在20世纪之前，获得珍珠只有一种方法，那就是出海打捞。1905年，日本人御木本幸吉发明了人工养珠技术，宣告了新珍珠时代的开始。

高利珍珠的故事可追溯至1887年，创始人刘易斯·阿鸠斯特·高利是瑞士的很有名气的珠宝商，他经营的商品包括融汇欧洲设计风格的珍珠首饰及意大利黄金和白金首饰。高利是首家将人工养殖珍珠引入欧洲的珠宝商。120年来，高利始终致力于将传统美学与现代精神完美结合，创作出美轮美奂的珍珠饰品，凭借着不断革新的精神，高利始终处于珍珠世界的巅峰地位。

高丽珍珠的视觉盛宴

GOLAY

为了衬托女性雍容华贵、古典与时尚并重的优雅气质，高利选用最高级细致的珍珠与宝石，加以精雕细琢的精巧工艺，将高利的珍珠精神——魅力、优雅、朝气、个性四大元素一一呈现。正如英国女皇伊丽莎白一样，喜爱高利珍珠的女性们永远都散发着独特的自信，让世人倾倒崇拜。

随着人工养殖珍珠的不断增加，珍珠类珠宝的风格越来越千篇一律。高利认识到突显品牌独一无二风格的重要性，于是从1997年开始了“珍珠进化”项目。高利寻找罕见的珍珠，然后邀请世界知名艺术家进行自由创作，以多样的艺术形式来表现珍珠的魅力。从雕塑作品，到以南洋珍珠制作的面具，“珍珠进化”项目创造出了许多精美绝伦的珍珠艺术品。著名的珍珠面具是由长期为伊芙·圣罗兰、三宅一生、普拉达、雅诗兰黛、大卫杜夫等品牌设计包装和家居产品的纽约设计大师卡瑞姆·拉世德设计的，他将男性的刚性之气注入象征柔美的珍珠中，整个面具使用了1446颗同色系珍珠，重达3440克。

2002年，高利推出具有革命性的串连珍珠技术，以纤细如丝的不锈钢线将珍珠串连起来，并用销钉将两端永久性地牢牢封锁。这种技术取代了几百年来传统的丝线穿珠的方式，经年累月珠链依旧如新，更不会出现因丝线绷断，而使昂贵的珍珠滑落散失的不幸。

高利珍珠系列分为时尚朝气、时尚魅力、时尚优雅、时尚个性四类。融合了古典与现代感的高利珍珠首饰，运用截然不同的线条变化，营造出别样风格与优雅感觉。

MELLERIO dits MELLER

梅岚瑞有双重风格——既有意大利的创造力与美学精神，又有法国经典、优雅与精致的艺术风格，这才创造出独特的珠宝格调。

——梅岚瑞董事长　奥利维·梅岚瑞

Mellerio dits Meller

梅岚瑞

人们热爱梅岚瑞，不仅热爱它非凡的工艺，更热爱它悠久的历史。400年来，梅岚瑞几乎见证了整个欧洲近代珠宝的发展史。从1515年起就开始做珠宝生意的梅岚瑞家族已经历了14代的传承，是世界上最古老的珠宝家族，也是全世界珠宝界的不老神话。这个有着4个世纪历史，集结了法国、意大利两大时尚王国珠宝设计思想精髓的品牌不仅仅继承着传统，在一定程度上，它其实是探寻与开拓了纯正的欧洲珠宝制作工艺，并将其发扬光大。从当初的“王后的珠宝商”，到现在风靡全球的顶级珠宝品牌，梅岚瑞的每一个转身都足够华丽，每一个步伐都足够有力。

最古老的珠宝家族

MELLERIO *dits* MELLER

从1515年起，意大利古老的梅岚瑞家族就开始尝试经营珠宝生意，而一向是珠宝消费大国的法国成了他们的最大市场。17世纪初，法国国王亨利四世之妻玛丽·麦第奇王后，决定给予意大利北部伦巴底州三个村庄的居民贸易特权。从1613年10月10日开始，那些地方的居民可以在巴黎与整个法国境内开展商业活动，而不必受贸易政策的约束。于是，梅岚瑞家族成了特权公民。后来，家族里一个年轻的烟囱工无意间发现了刺杀法国国王路易十三的阴谋，梅岚瑞家族将整件事报告给王后，从而阻止了有预谋的暗杀活动，整个家族也因为这个功绩而在生意场上受到法国政府的诸多关照。

1796年，梅岚瑞家族的让·巴普蒂斯特在巴黎薇薇安大街上以“梅岚瑞–梅勒王冠”为名建立起专卖店。连拿破仑最宠爱的约瑟芬皇后都成了他的顾客。1815年，另一位拥有天才生意头脑的梅岚瑞家族成员弗兰克斯·梅岚瑞在和平大街上建立了今日的梅岚瑞珠宝店，梅岚瑞成为第一家在和平大街落户的珠宝品牌。很快，其他珠宝商紧随其后，纷纷在和平大街落户，使之成为法国奢侈品的繁华圣地。当1848年法国再次陷入战争时，弗兰克斯的儿子让·弗兰克斯·梅岚瑞在马德里以“梅岚瑞兄弟”为名建立了一家珠宝店，让梅岚瑞这个品牌迅速在西班牙扬名。如今，已经走过4个世纪的梅岚瑞没有随着时间的流逝而老去，其珠宝作品中蕴涵了更多的传统味道和文化神韵。现在梅岚瑞已经成为法国精品业联合会中的一员，创

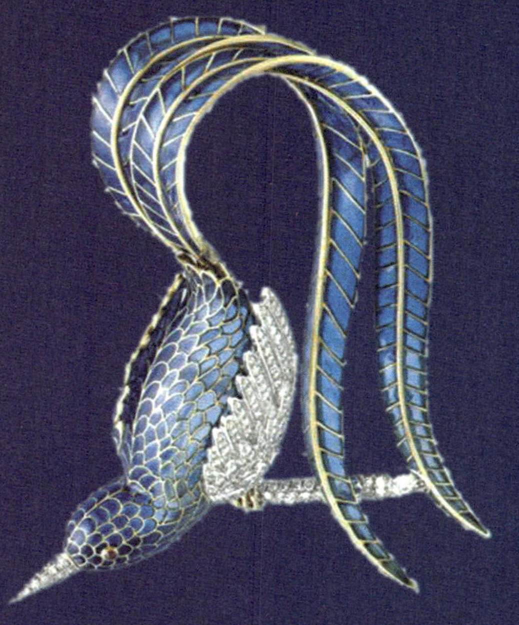

造出法国乃至整个欧洲珠宝工艺的不朽神话。在众多关于奢侈品的调查中，梅岚瑞也一直是全世界时尚爱好者心目中前五名的国际知名品牌。

喜爱梅岚瑞的玛丽王后

路易十六之妻玛丽·安托瓦内特王后是梅岚瑞的第一个皇家客户，更是促使梅岚瑞事业飞速发展的贵人。梅岚瑞家族中15岁的巴普蒂斯特十分聪明，他紧挨着凡尔赛宫门的珠宝摊生意红火。1777年的一天，刚刚散步回来的玛丽王后注意到这个年轻的商人，并被他的珠宝深深吸引，当即购买了几件珠宝。巴普蒂斯特主动上前答话，以机智风趣的谈吐赢得了玛丽王后的好感。不久之后，巴普蒂斯特成为了王后的珠宝商，并打开了梅岚瑞通往欧洲皇室的大门。

在梅岚瑞为玛丽·安托瓦内特制作的珠宝当中，刻有浮雕的贝壳手镯是一件震撼人心的珍宝。这是一款由七个刻有浮雕并镶嵌着红宝石的贝壳制成的手镯，这件迷人的艺术品引起了世人极大的关注，上面的象牙色贝壳时开时合，让人产生无限遐想。1793年10月，推翻了君主制的巴黎人民将玛丽王后与国王一起送上了断头台。行刑之前，王后将贝壳手镯送给了一个要好的朋友。这个手镯也因此幸运地流传到今天。

“爱神之语”系列

梅岚瑞一向认为，每一位女性都如同王后般高贵，出于对她们的敬意，梅岚瑞设计了拥有9款戒指的“爱神之语”系列。亲切的私语偷偷溜进爱人的心中，梅岚瑞戒指与灵魂进行着对话。

就像爱情会以数不清的形式出现，切割宝石也有无穷无尽的方法。梅岚瑞“爱神之语”系列的每一款戒指都采用一种特定的切割法：公主形、八角形、梨形、祖母绿形、心形、衬垫形，当然，还有梅岚瑞切割等。但是无论在什么样的形式下，梅岚瑞戒指发出的爱的宣言恰恰就是被深爱着的女人们所期待、洞悉与了解的词汇。

梅岚瑞切割法

ELLERIO dits MELLER

梅岚瑞切割法堪称珠宝界具有开创意义的发明。这种切割为宝石创造了57个刻面和震撼人心的璀璨光芒，其“双椭圆形相套”的完美形状在任何情况下都可以被轻易地辨认出来，国际权威的宝石实验室为每一颗以梅岚瑞切割法切割的钻石或彩色宝石出具证明。

自1613年以来，梅岚瑞一直忠实传承着法国奢华精致的珠宝精神，传承着正宗的家族工艺，传承着保持“设计先锋”的热望，传承着极致的美学精髓。这个世界上最古老的珠宝品牌，正不断发挥着创意的巧思，在自信满满的步履中，散发出无限的智慧与活力。

在巴卡拉，艺术家绝对享有特权。他们能够从水晶这种具有魔力的材质里获得灵感并自由地表现他们的才华。这也使巴卡拉的产品呈现出多元化风格。

——巴卡拉前任总裁 安娜·泰廷格

Baccarat 巴卡拉

水晶是大自然万般恩宠的尤物。斑斓的色彩、晶莹的质地、空灵的神韵，都被那些热爱高雅与奢华的人们所迷恋。水晶的魔力让很多人心醉不已，而珠宝设计师们也愿意把最精妙的构思和最完美的设计留给水晶。创建于1764年的水晶品牌巴卡拉，在200多年的发展历程中，始终拥有一大批痴迷于水晶的顶尖设计师，他们扎根于法国历史，致力于创作奢华精美的手工水晶制品。从最早的水晶酒杯、餐具，到后来的珠宝首饰，巴卡拉的作品始终蕴含着深厚悠久的法国文化，并将符合时代潮流的生活艺术融入其中，这就是巴卡拉两个世纪以来备受赞誉的原因。

法兰西的水晶王国

Baccarat

18世纪中叶，法国国王路易十五恢复了“七年战争”后的经济发展，授权梅茨大主教在法国东部莱茵河畔的巴卡拉地区创建第一座非皇家的玻璃工厂，它就是现今巴卡拉工厂的前身。1816年，工业家艾梅-盖波瑞德·阿尔蒂盖斯买下了这间玻璃厂，并将之命名为巴卡拉，转为生产水晶制品。当时，巴卡拉生产高级水晶酒具、餐具、窗玻璃、镜子、器皿等产品，拥有3000多名工人。

贵重首饰系列

贵重首饰系列可以称得上是巴卡拉的珠宝代表作，水晶与镶嵌在黄金、白金上的宝石或半宝石搭配在一起，突出了水晶独有的耀眼光芒。此系列的最初设计理念是：材料并不是服务于设计，而是引导设计，这些设计的首要功能是提升了所用材料的美感。变幻的线条，多样的设计，都实现了色彩以及贵重材料之间的最佳组合，充满创意而又富有个性。

短短几年的时间，巴卡拉就成为了法国顶尖的水晶制造工厂，其瑰丽的各类水晶珍品遍及世界各地，因名贵的用料、灵动多变的设计和精致卓越的制作工艺而广受欢迎，成为显赫、尊贵的代名词。

水晶是光的艺术。大自然中存在着各种各样的光，一旦被吸入巴卡拉水晶便光芒四射、纵横交错形成美丽的图案，超越时空震撼着每个人的心灵。巴卡拉水晶赢得了世界各国王侯贵族们的青睐，被誉为“王侯们的水晶”。经过岁月的陶冶孕育而出的巴卡拉成为法国文化具有代表性的名牌产品，以举世无双的质量享誉全球。

1991年，巴卡拉开始尝试进军首饰界。它的第一款产品是“克里奥而”耳环，这款耳环一经推出，就得到了珠宝界专家的高度好评，奢侈品爱好者们也很认可这款耳环。巴卡拉随后推出了一系列在水晶上镶嵌贵重宝石或半宝石的首饰产品，从而跻身国际顶级珠宝品牌的行列。

追求完美是巴卡拉的宗旨。巴卡拉采用比利时特选精细幼沙为水晶原料，它能使水晶拥有无可匹敌的密度及非同寻常的光芒。此外，在原料中加入的 cullet 水晶碎片，能防止在水晶内形成石粒。而设计师和工匠为了使产品达到完美的境界，倾注了无数心血，使无生命的水晶也沾染了生命的灵气。

巴卡拉产品为何如此出众？巴卡拉公司给出的解释是：在技术工艺方面，巴卡拉所有的水晶产品都出自手工打磨，这与其他工业制水晶是决然不同的。而且巴卡拉水晶制品在每个环节上都有着近乎苛刻的要求；从餐具到珠

宝，每一件水晶制品皆由精选的原料、精湛的技师、精密科技及创新设计理念等要素结合而成。此外全世界销售的所有巴卡拉产品都在同一个工厂里制造，所以对产品品质的严格要求始终如一。

巴卡拉有两个主题博物馆：巴卡拉水晶博物馆和长廊博物馆。其中水晶博物馆位于早先法国洛林的行政区，在过去的200多年中，举世闻名的巴卡拉水晶就是在这里加工制作的，在访客欢迎区展出了超过500件经典作品。在长廊博物馆里，则陈列着巴卡拉品牌最杰出的产品，包括特殊的定制产品、成套的水晶酒具、造型新颖的花瓶和装饰产品。长廊博物馆记录了巴卡拉品牌漫长的发展过程。

巴卡拉的水晶宫

Baccarat

距离法国凯旋门不远，有一座曾经是社交界名媛玛丽–洛尔·德诺阿依斯的私人宅邸。在这个华丽与传统交织的宅邸中，玛丽经常举行各种邀请画家、作家和音乐家参加的聚会。她还常常根据自己的心情改造其宅邸的布局和设计。

2003年，巴卡拉买下此栋豪宅，并邀请设计界“鬼才”菲利普·斯达克将其设计改装成巴卡拉的总部。菲利浦·斯达克非常荣幸接手这项奢侈的、充满奇迹的和令人震惊的盛大的装修工程。在斯达克精心设计之后，这座豪宅果然呈现出了一派全新风采。一走进大门，玄关尽头迎面而来的竟然是个内藏水晶灯的庞大水族箱。镶有水晶碎石边的红色地毯暗暗发光地指引着道路。登上楼梯后，眼见之处是一把气派夸张的巨椅，还有一盏美如白纱篷裙的水晶吊灯在悬空舞动……整座豪宅看起来好似梦境一样美妙。

除了炫目的装潢设计，巴卡拉总部的实用性也很强。底楼安排有珠宝、酒杯餐具、装饰用品等独立展示的专卖区、只接待VIP客人的隐秘客室。楼上设置了陈列巴卡拉历史精品的艺廊水晶屋。水晶屋中还暗藏了一间水晶装饰的粉红沙龙，供尊贵客人在这里享用佳肴。

Baccarat

梦宝星的设计师并不是简单地以自己的喜好或是灵感来进行设计，而是会考虑到顾客对宝石色彩的喜恶、如何穿戴等因素，以及由此而反映出来的性格与情感。正是因为设计的背后隐藏了种种讯息，使得梦宝星不再是简单的商品，而是被赋予了情感价值的艺术品。

——梦宝星创作理念

Mauboussin

梦宝星

早在19世纪初，梦宝星就以珍贵的宝石与完美的切工闻名于世。如今，历经了六代风华岁月的梦宝星，用洗练细致的珠宝技艺、大胆的创意展现与对宝石的独到见解，牵动着世人无数的赞叹与惊奇。其作品屡获世界大奖，极受皇宫贵族及收藏家的喜爱。梦宝星心怀对珠宝的虔敬之情，开创了一种现代主义的新风格。梦宝星珠宝鲜亮生动的色彩，仿佛黑暗中一簇摇曳的梦之花。无论何时，它都是那样令人爱惜和向往。它就像一本书，以宝石做字，优雅而含蓄。

来自浪漫之都的优雅珠宝

MAUBOUSSIN

梦宝星的辉煌历史始于1827年，当时罗榭先生在巴黎开了一家小珠宝店，他的合作伙伴让·巴普蒂斯特·诺瑞在1869年接手了这个珠宝店。乔治·梦宝星是诺瑞的侄子，他与叔叔一起打理珠宝店的生意。1878年，诺瑞珠宝在巴黎世界博览会上荣获大奖。后来，乔治·梦宝星成了珠宝店的继承人。他是一个优秀的珠宝设计师，善于沟通且很有领导才能。在多年的经营过程中，乔治为公司未来的发展奠定了坚实的基础。1922年，乔治·梦宝星将品牌正式定名为“梦宝星”。1923年，乔治将珠宝店搬到雪塞街3号，还邀请了许多才华横溢的设计师、宝石商、钻石切割匠、金匠加盟珠宝店。

梦宝星在积累了一定的声誉后，为了进一步扩大影响，在1928年至1931年做了三次大型主题展：祖母绿展、红宝石展和钻石展。在1928年的祖母绿展中，梦宝星展览了拿破仑于1800年送给约瑟芬皇后的24.88克拉巨大祖母绿宝石。这三次规模盛大、精心准备的展览不仅激发了珠宝市场的活力，也大大提高了梦宝星的声望，将其在彩色宝

“海底生物”系列

“海底生物”系列是梦宝星近几年最受好评的作品之一。其中长度约8厘米的海马别针与立体的旗鱼胸针最受瞩目。撷取45克拉蛋白石与蓝宝石配衬而成的海马造型别针，释放着强烈的贵族气息，神秘罕见的外形更提升了饰品本身的奇趣性。抢眼醒目的旗鱼胸针，也是由蛋白石与蓝宝石构成的精彩杰作，另外还加上了碧玺点缀装饰，传达着海底世界的自由。

“璀璨星钻”戒指

梦宝星 1920 年便发表了“璀璨星钻”戒指，近年来梦宝星将此款戒指重新改良，以品牌著名的白金半球体为主架，镶嵌 853 颗小钻。这些小钻包括 1.97 克拉的圆钻和 0.9 克拉的梯形方钻。柔润的戒台设计与钻石的清澈质感相互辉映，成功赋予整只戒指现代感和时尚感，非常符合年轻新贵的审美取向。

石雕琢领域的特殊才能公之于世。

除此之外，梦宝星更是十分积极地参加了 18 次世界级博览会，并逐渐建立起高贵典雅的品牌形象。在 1925 年的“装饰艺术博览会”中，乔治·梦宝星赢得了“宝石鉴赏家”的美誉，成为大名鼎鼎的宝石商，并在 1929 年至 1931 年间担任了法国政府对外贸易顾问。

继乔治·梦宝星之后，他的儿子皮尔·梦宝星与诺瑞先生另一个侄子马塞尔·古莱的儿子让·古莱也成为梦宝星集团的主要领导人。皮尔·梦宝星不仅是杰出的珠宝大师，还是天才的飞机设计师。在皮尔的努力下，梦宝星沙龙和珠宝店先后落户纽约。另一面，由皮尔·梦宝星设计的飞机于 1928 年问世，傲然飞上蓝天。除此之外，皮尔·梦宝星还设计了一辆梦宝星轿车。1929 年那场全球范围内的经济危机给珠宝市场带来了前所未有的冲击，梦宝星损失惨重，其海外大多数分店都不得不停止营业。20 世纪 30 年代，让·古莱在接管家族事业后的几年时间里扭转了整个局面。皮尔·梦宝星与让·古莱两兄弟于 1962 年将他们的名字都改为“古莱·梦宝星”，两人共享同样的家族名称。

在安然度过了这次经济危机后，梦宝星在发展之路上就再也没有遇到大的阻力和牵绊，用难以想象的速度飞速发展。如今，梦

宝星的戒指高贵经典，风格独具。诞生于1991年的奥林匹斯戒指灵感来自经典建筑，多样化的切工（圆形、梨形、方形和祖母绿切工）与“平衡之美”的古老真义相符。这款戒指已经被收括在品牌“经典系列”中，表达着梦宝星对珍贵宝石的敬意。“天鹅系列”一向是梦宝星最引以为豪的作品之一，天鹅洁白的身躯以及优雅的颈部线条都给予设计师绝佳的创作灵感。该系列拥有四款不同材质的美戒——晶莹圆钻簇拥12.5克拉顶级黄钻，镶嵌在白金上的圆钻环绕蓝宝石，1.62克拉圆钻搭配17毫米黑珍珠以及黄金

宝星的珠宝光芒依旧，其精心设计的珠宝作品随着时光的流逝，成为珠宝爱好者推崇备至的经典。

世界戒饰大师

MAUBOUSSIN

梦宝星在戒饰方面的造诣很深，颇具“术业有专攻”的风度。也正因为如此，梦

作为梦宝星品牌标志的那颗“星”代表着“美丽”，三角形的招牌式设计有“保护”的意思，象征着爱人无微不至的关怀和爱护。在星光璀璨的珠宝界，梦宝星以戒饰和加工彩色宝石闻名。在婚礼上说出那句神圣无比的“我愿意”之时，手上闪烁着梦宝星戒饰的五彩光芒，是所有女性最美丽的梦想。

衬托顶级珍珠。每一款戒指都像优美的天鹅游弋于佩戴者指间，其中黄钻天鹅采用特殊的钻石切割法，将黄钻本身的迷人光彩彻底展现。梦宝星一直提倡“珠宝不应仅为收藏，更要具有佩戴与衬托的意义”，在继承艺术传统的同时，它的设计越来越大胆活泼，以轻松自然的情趣、洒脱淡然的雅致，呼应着永世不变的奢华情结。

卓别林用它逗笑妻子

MAUBOUSSIN

夸张的扮相、滑稽的表情、出乎意料的表演，喜剧大师查尔斯·卓别林往往是一出场就赢得所有观众的笑容和掌声。那么卓别林是靠什么逗笑郁郁寡欢的妻子呢？答案是梦宝星珠宝。

美国女星保利特·戈拉德是查尔斯·卓别林的第三任妻子，两人曾共同完成了《摩登时代》与《大独裁者》两部经典影片。1939年，戈拉德失去了影片《飘》中斯佳丽这一角色，卓别林为了安慰失意的爱妻，送给她一款梦宝星黄金手镯。这款黄金手镯不仅精美，而且非常昂贵，凸圆形的祖母绿在钻石花朵的簇拥下熠熠生辉。看到这款精美的梦宝星首饰和丈夫的用心良苦，戈拉德终于露出了笑容。

想知道怎么才能让五颜六色的宝石变得更美，去看看H.史登就足够了。

——H.史登宣传语

H.Stern

H.史登

如果没有H.史登和御木本，欧美国家将垄断世界顶级珠宝王国。御木本是全亚洲的骄傲，H.史登的赫赫威名则让巴西和盛产各种宝石的南半球都引以为荣。巴西是天然宝石的王国，出产全球65%的各类宝石，其品种和数量均居世界首位，闻名世界的H.史登就诞生在里约热内卢。H.史登用其独特的魅力在世界各地掀起了彩色宝石风潮。在60多年的发展历程中，巴西见证了H.史登的辉煌，H.史登也让更多的人了解了巴西。甚至很多人给出这样的评价：H.史登是和足球、桑巴舞、BBQ一样的巴西国宝。

H.Stern

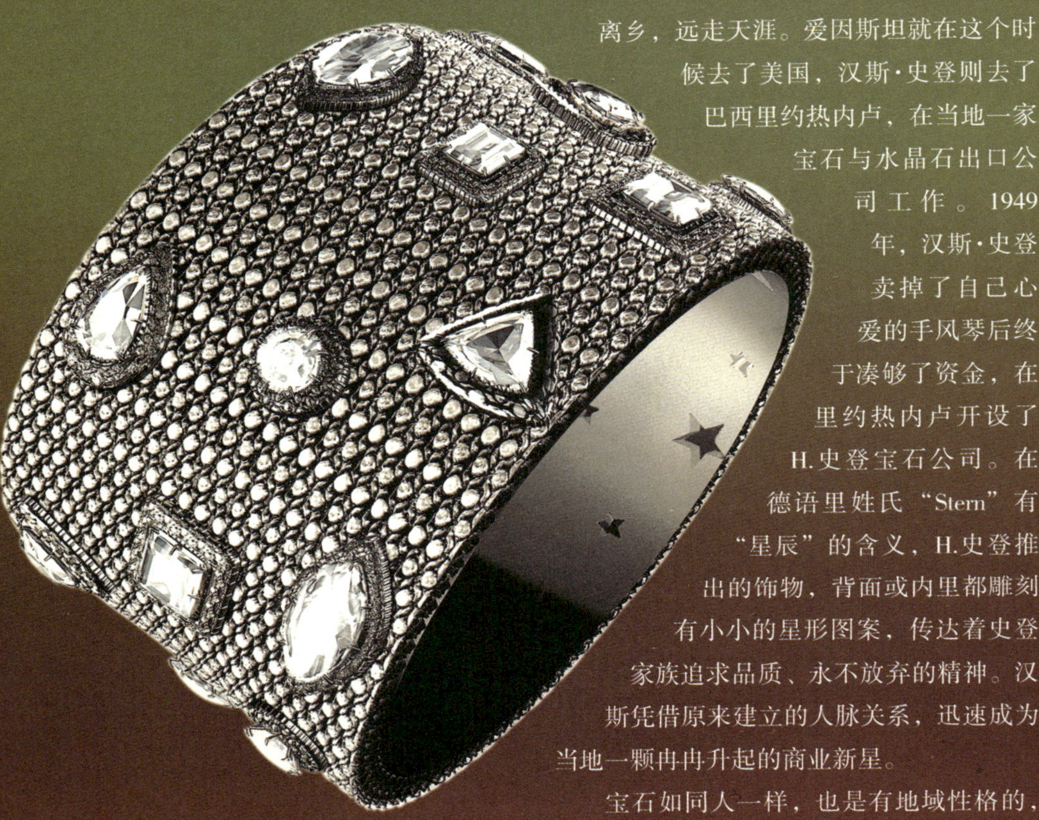

离乡，远走天涯。爱因斯坦就在这个时候去了美国，汉斯·史登则去了巴西里约热内卢，在当地一家宝石与水晶石出口公司工作。1949年，汉斯·史登卖掉了自己心爱的手风琴后终于凑够了资金，在里约热内卢开设了H.史登宝石公司。在德语里姓氏“Stern”有“星辰”的含义，H.史登推出的饰物，背面或内里都雕刻有小小的星形图案，传达着史登家族追求品质、永不放弃的精神。汉斯凭借原来建立的人脉关系，迅速成为当地一颗冉冉升起的商业新星。

宝石如同人一样，也是有地域性格的，巴西的蓝天、碧水、火热的太阳和一望无际

一台手风琴换来的宝石王国

H.Stern

难以想象的是H.史登的创始人汉斯·史登出生时完全看不见东西，直到两岁时右眼才有了视觉。就是这样一个看起来并非上帝宠儿的孩子，开辟了一番令人羡慕不已的大事业。

汉斯·史登本是犹太裔德国人，生于德国埃森，第二次世界大战爆发后，因为希特勒对犹太人进行了残忍的虐待和迫害，很多居住在德国的犹太人为了保全性命只能背井

宝石花翡翠项链

由24颗祖母绿宝石镶嵌而成的宝石花翡翠项链是H.史登的经典之作。整条项链价值120万美元，上面的宝石是H.史登搜集14年而得的成果。这条项链不仅反映了H.史登的高超工艺，更见证了这个品牌对于品质的不懈追求。宝石花翡翠项链的光芒会让任何服饰和宝石都黯然失色，上面祖母绿宝石那醉人的绿色光芒让人久久难以忘怀。

的海滩滋养了宝石快乐奔放的个性。汉斯·史登将巴西宝石的色彩与阳光巧妙融合，缔造出犹如彩色繁星般的饰物，奉献给品位高雅、气度不凡的时尚人士。在企业的管理理念上，汉斯·史登深受父亲科特·史登的影响，科特认为诚实是人类最宝贵的品质，即使在某些情况下人们要为其付出代价。另外，他还告诉汉斯要重视对雇员的管理。后来，这都成为汉斯·史登的经营准则。

1951年，H.史登公司迎来了事业的转折点：当时尼加拉瓜总统安纳斯塔西奥·索摩萨·德巴伊莱以22000美元买走H.史登一条镶满海水蓝宝石的项链，从此，H.史登声名远播。到了20世纪80年代，H.史登成为仅次于瑞士的宝齐莱、美国的海瑞温斯顿和蒂芙尼三家公司的珠宝品牌，成为国际四大珠宝首饰巨头之一。值得一提的是，H.史登公司是其中唯一一个"完全"公司：从探矿、采矿开始，到原石切割、宝石打磨、宝石鉴定、首饰设计、金工制作、展示宣传、批发、零售，一直到外销全球，全不假手他人，而是自己一手包办。

瑰丽的彩色宝石之梦

H.Stern

价值1000万美元的雅典娜项链是H.史登的镇牌之宝，这款项链是以代表智慧和力量的雅典娜女神为灵感创作的。雅典娜项链总重85克拉，由椭圆形、祖母绿形、梨形和圆形切割的各种钻石组成，中心的四颗主

钻的颜色和净度均达到了最高等级，这样的豪华组合非常罕见，世界顶级的珠宝商几乎从未使用过。这条项链堪称是最完美的珠宝"四重奏"。

雅典娜项链沿袭了维多利亚女王时代的艺术风格并将此作为灵感来源。在19世纪末期的维多利亚女王时代，浪漫与明亮的色彩艺术大行其道。雅典娜项链忠实地传承了这一时期的艺术精髓，并融合了摩登的现代风格，其几何学的钻石艺术也堪称一大亮点。在H.史登博物馆中，像雅典娜项链这样的名贵珠宝不计其数，人们说这是世界上最好的珠宝博物馆。它坐落在里约热内卢南部的伊帕勒马，这座共17层的大楼包括宝石切割加工工厂、宝石博物馆、大型珠宝零售店、豪华咖啡屋，甚至还有陈列巴西手工艺品与书籍的文化场所。这里最值得一看的就是H.史登的宝石展览馆，里面陈列着精致的宝石标本，包括很多的绿玉、黄玉。馆内还收藏了1000多块电气石，绿色、粉红色、红色、蓝色……游客们在这里还可以学到任何他们想知道的关于珠宝及其加工的知识，并了解他们深爱的H.史登的发展历史和经典作品。

Orbis Descriptio 系列

2000年，为了铭记巴西500年的历史，H.史登推出了Orbis Descriptio系列。巴西著名艺术家安娜·盖革将雕塑艺术融入珠宝创作中，以震撼人心的手法描绘出大陆轮廓、海洋、河道、地球子午线的图案。作品的拉丁文名字意味着"对世界的描绘"：小小的下垂饰物上雕刻了巴西的地图；镶钻戒指让人想起温暖的河床；雕有纹理的黄金展示了山脉久远的记忆。

万宝龙是成熟且有丰富文化内涵的奢侈品，它充满了古典韵味和永恒的价值。万宝龙珠宝代表的是成功、睿智和知性，并将竭力创造永恒美感。

——万宝龙首席执行官　贝陆慈

Montblanc 万宝龙

“放缓脚步、尽享生命”是万宝龙一向推崇的生活哲学，在一切讲究高效率的今天，万宝龙提倡的慢调生活被很多社会上流人士接受和认可。在珠宝方面，万宝龙可能不是最耀眼夺目的，却是最值得久久品味和拥有一生的品牌。

一个世纪以来，万宝龙一直以制作精良优质的书写工具而闻名，后来万宝龙把产品线扩大到书写配件、皮具、珠宝、眼镜和钟表领域。在珠宝业，万宝龙的起步不算早，与其他国际知名品牌的漫长发展史相比，它还是个不折不扣的“新兵”。但万宝龙在任何领域都是追求卓越的高档产品的代言人，在珠宝方面更是如此。

万宝龙将优雅与智慧赋予巧夺天工的钻石，它明净而优雅，果敢而静谧，平静却又光华四射。当无尽的钻石华光邂逅自信睿智的万宝龙女人，高贵的灵魂之光从此闪耀夺目，永恒的美感将常留世间。

点亮灵魂之光

MONT BLANC

美丽而宁静的德国汉堡郊区——令无数收藏家心动不已的万宝龙就诞生于此。旖旎

的风光，古老的建筑，坐落在这样世外桃源般的景色之中，万宝龙以卓越的品牌艺术延续了近一个世纪的辉煌。1906年，文具商克劳斯、工程师奥古斯特及销售专才阿尔弗雷德联手成立了Simplo-Filler墨水笔公司。1911年，这家公司更名为万宝龙公司。万宝龙这个名字来源于欧洲最高的山峰勃朗峰。勃朗峰高耸入云的巍峨气魄，象征着万宝龙登峰造极的工艺和力臻完美的宗旨，它代表着高雅恒久的生活精品，反映着对文化、素质、设计、传统和优秀工艺的追求和礼赞。

创建之初，万宝龙以制造装饰考究、彰显主人名贵身份的书写用具驰名于世。万宝龙的名字代表着书写的艺术，笔顶的六角白星标记，恰恰是勃朗峰俯瞰的形状，该山峰的最高点海拔4810米，这个数字通常循环用作各种主题的万宝龙产品。

近年来，已经成为国际顶级品牌的万宝龙开始进军珠宝领域，并收获了众多的好评。万宝龙重金力邀多位曾在其他知名珠宝公司效力过的设计师加盟，推出很多经典作品。其中尤以钻石产品最能展现品牌堪称一

“光之舞”钻石项链

价值 500 万美元的“光之舞”钻石项链是万宝龙最昂贵的珠宝单品。这条项链上镶嵌了 3050 颗钻石，总重 378.74 克拉，其中更是有一颗重达 11.88 克拉的万宝龙六角星形美钻。“光之舞”令钻石完美无瑕的光泽如瀑布般倾泻而下，以令人惊叹的明亮和深邃，成就了独一无二的绝世光华。

流的设计工艺。很多人赞扬说，万宝龙将漂亮的灵魂注入璀璨的钻石，因此赢得了很多女性的芳心。万宝龙认为每个女人都值得赞颂，每一份漂亮、优雅、睿智和勇敢都是独一无二的。

万宝龙珠宝也赢得了诸多国际巨星的热烈追捧，好莱坞明星们在出席奥斯卡颁奖典礼等重大活动时争相佩戴万宝龙珠宝。

独门星形切割钻石

MONT BLANC

在过去的三四千年间，古代帝王一直认为钻石能带来神奇的超自然力量。所以帝王喜欢在出征时穿上镶满钻石和其他宝石的盔甲，以期在战场上获得力量和勇气。有的民族相信，钻石是天空星星的碎片和神的眼泪。一直到 15 世纪，只有国王才能佩戴钻石，以作为力量、权力和不可战胜的象征。几千年来，钻石作为终极奢侈品取得了独一无二的特殊地位。然而，钻石从深藏的地底挖掘出来时，是黯淡无光的，看起来就像一块普通的明矾，是切割师赋予了钻石第二次生命。如何切割钻石，让它散发出最耀眼的光芒，是每一个珠宝商都要面对的问题。在经过了 8 年的潜心研究后，万宝龙创造了独门星形切割钻石。万宝龙生产的星形切割钻石有 43 个切面，经由身怀绝技的珠宝工匠细心推敲打磨，以最完美的 4C（克拉，净度，色泽，切割）为标准，将钻石光线由内心深处层层折射……

万宝龙让每一个高贵的灵魂恒久闪耀，令每一个女人光华四射，在万宝龙的世界里，每个人都是永远的明星！

图书在版编目（CIP）数据

珠宝/郭春旭编著.—长春：吉林人民出版社，2008.10
(环球奢侈品)
ISBN 978-7-206-05826-4

Ⅰ.珠… Ⅱ.郭… Ⅲ.宝石—简介—世界 Ⅳ.TS934.3

中国版本图书馆CIP数据核字（2008）第152969号

环球奢侈品·珠宝

编　著：郭春旭
责任编辑：吴兰萍　　封面设计：赵兴华　　版式设计：吴　丹
吉林人民出版社出版发行（长春市人民大街7548号　邮政编码：130022）
网　址：http://www.jlpph.com/
全国新华书店经销
策划制作：远流图文工作室（024-86397099）
印　刷：沈阳美程在线印刷有限公司（024-23818009）
开　本：725mm×970mm　1/16
印　张：10　　字　数：200千字
标准书号：ISBN 978-7-206-05826-4
版　次：2009年1月第1版　　印　次：2009年1月第1次印刷
定　价：25.80元